奇妙的动植物世界 | 生物百科

生活在水中的爬行动物

键　君　编著

中州古籍出版社

图书在版编目(CIP)数据

生活在水中的爬行动物 / 键君编著. — 郑州：中州古籍出版社, 2016.2
ISBN 978-7-5348-5958-8

Ⅰ. ①生… Ⅱ. ①键… Ⅲ. ①两栖动物—爬行纲–普及读物 Ⅳ. ①Q959.5-49②Q959.6-49

中国版本图书馆 CIP 数据核字(2016)第 037040 号

策划编辑：吴　浩
责任编辑：翟　楠　唐志辉
装帧设计：严　潇
图片提供：fotolia
出版社：中州古籍出版社
　　　　　（地址：郑州市经五路 66 号　电话：0371—65788808　65788179
　　　　　邮政编码：450002)
发行单位：新华书店
承印单位：河北鹏润印刷有限公司
开本：710mm×1000mm　　　　　1/16
印张：8　　　　　　　　　字数：99 千字
版次：2016 年 5 月第 1 版　　印次：2017 年 7 月第 2 次印刷

定价：27.00 元

前 言 PREFACE

　　广袤太空，神秘莫测；大千世界，无奇不有；人类历史，纷繁复杂；个体生命，奥妙无穷。我们所生活的地球是一个灿烂的生物世界。小到显微镜下才能看到的微生物，大到遨游于碧海的巨鲸，它们都过着丰富多彩的生活，展示了引人入胜的生命图景。

　　生物又称生命体、有机体，是有生命的个体。生物最重要和最基本的特征是能够进行新陈代谢及遗传。生物不仅能够进行合成代谢与分解代谢这两个相反的过程，而且可以进行繁殖，这是生命现象的基础所在。自然界是由生物和非生物的物质和能量组成的。无生命的物质和能量叫做非生物，而是否有新陈代谢是生物与非生物最本质的区别。地球上的植物约有50多万种，动物约有150多万种。多种多样的生物不仅维持了自然界的持续发展，而且构成了人类赖以生存和发展的基本条件。但是，现存的动植物种类与数量急剧减少，只有历史峰值的十分之一左右。这迫切需要我们行动起来，竭尽所能保护现有的生物物种，使我们的共同家园更美好。

　　本书以新颖的版式设计、图文并茂的编排形式和流畅有趣的语言叙述，全方位、多角度地探究了多领域的生物，使青少年体验到不一样的阅读感受和揭秘快感，为青少年展示出更广阔的认知视野和想象空间，满足其探求真相的好奇心，使其在获得宝贵知识的同时享受到愉悦的精神体验。

　　生命正是经过不断演化、繁衍、灭绝与复苏的循环，才形成了今天这样千姿百态、繁花似锦的生物界。人的生命和大自然息息相关，就让我们随着这套书走进多姿多彩的大自然，了解各种生物的奥秘，从而踏上探索生物的旅程吧！

目 录 CONTENTS

目

录

第三章 游动的化石——娃娃鱼 / 043

目

录

第一章
性情凶猛的鳄鱼

鳄，爬行动物的一属。大的身体长达3~6米，头部扁平，吻和尾很长，四肢短，体被有角质鳞，身有灰褐色的硬皮，性情凶猛。多产于热带、亚热带的河流池沼中，捕食鱼、鸟类等，有的也吃人、畜。通称"鳄鱼"。扬子鳄是中国特有的珍稀动物。

鳄鱼恐龙是近亲

鳄鱼属于恐龙家族的近亲。大约在1.4亿年以前就在地球上生存，由于自然环境的变迁，恐龙家族中的其他成员逐渐灭绝，只有鳄鱼顽强地坚持繁衍至今，它历经劫难的过程中使原来的23个品种中的15个绝迹，只有少数几个品种幸存下来。所以，科学家也称它为活化石。

鳄鱼是脊椎类动物，属脊椎类中的爬虫类。淡水鳄生活在江河湖沼之中，咸水鳄主要集中在温湿的海滨。它头部扁平，有个很长的吻，全身长满角质鳞片，长长的尾巴呈侧扁形，四肢短，前肢5趾，后肢4趾，趾间有蹼，冷眼看那形象，还真和恐龙相差不多。

鳄鱼的尾巴

鳄鱼除了它那"勇往直前"的长鼻子和大嘴外，最显著的特征就是它那条大尾巴。

鳄鱼是爬行动物，照理它的四肢和腹部肌肉发达，这样既可以在陆地上爬行，也可以在水里游动。可是，虽然它的四肢粗大而有力，但太短，完全不能在水中游动。所以，它的尾巴便显示出了优越性。在水里，鳄鱼的尾巴是它唯一的游泳器官。扁平的大尾，在水中犹如一支船桨，一划一动推动着鳄鱼前进。但是在陆地，鳄鱼却为自己的这条大尾巴付出了代价。无论鳄鱼的四肢多么强健有力，在陆地上它的爬行只能维持很短的距离，长距离的爬行十分费劲，这全是因为尾巴的拖累。也许，正因为这样鳄鱼在进化过程中最终也没能从水中爬行到陆地，而成为陆生动物，一辈子都依仗着那条大尾巴在水中称王称霸。

　　鳄鱼现存数量不多，中国的扬子鳄被列为国家保护动物。

鳄鱼的多种习性爱好

鳄鱼形象狰狞丑陋，生性凶恶暴戾，行动十分灵活。一般它白天伏睡在林阴之下或潜游水底，夜间外出觅食。它极善潜水，可在水底潜伏10小时以上。如在陆上遇到敌害或猎捕食物时，它能纵跳抓扑，扑不到时，它那巨大的尾巴还可以猛烈横扫，是很难对付的凶猛动物之一。它的遗憾之处是，虽长有看似尖锐锋利的牙齿，可却是槽生齿，这种牙齿脱落下来后能够很快重新长出，可惜它不能撕咬和咀嚼食物，这就使它那坚硬长大的双颌功能大减。即然不能撕咬和咀嚼，使得鳄鱼只能像钳子一样把食物"夹住"然后囫囵吞

咬下去。所以当鳄鱼扑到较大的陆生动物时，它不能把它们咬死，而是把它们拖入水中淹死；相反，当鳄鱼扑到较大水生动物时，又把它们抛上陆地，使猎物因缺氧而死。在遇到大块食物不能吞咽的时候，鳄鱼往往用大嘴"夹"着食物在石头或树干上猛烈摔打，直到把它摔软或摔碎后再张口吞

下。如果还不行，它干脆把猎物丢在一旁，任其自然腐烂，等烂到可以吞食了，再吞下去。正因为鳄鱼的牙齿不能嚼碎食物，所以"上帝"又让它生长了一个特殊的胃。这只胃的胃酸多而且酸度高，使鳄鱼的消化功能特好。此外，鳄鱼也和鸡一样，经常吃些沙石，利用沙石在胃里帮助磨碎食物促进消化。

和家族中的兄弟姐妹一样，鳄鱼虽然个体庞大，却是卵生。其寿命一般可长达70～80岁，有些甚至可达100岁。雌鳄长到12岁时性成熟，开始生儿育女，至40岁左右，停止生育。

雄鳄的成熟期同雌鳄差不多。鳄鱼每次产卵20～40枚，小的如鸭蛋，大的如鹅蛋大小。雌鳄在产卵前，先上岸造址筑巢，它将树叶、干草等弄到巢内，铺成一张"软床"，然后上床待产，到临产前两三天时，它泪如雨下，可能是疼痛所致。产下卵后，把它们藏在树叶和干草下面，自身则伏在上面孵化60多天，此期间雌鳄凶恶无比，不准任何动物接近，否则必遭猛烈袭击。幼鳄出壳以后，先是一起依附在母亲背上外出觅食，半年后可独立生活。

鳄鱼看似凶恶，其实它胆子很小，有的小鳄鱼甚至会因受惊而生病，如中国扬子鳄，一遇有人走近，它立即钻洞躲藏。鳄鱼很少主动袭击人类，相反，经过训练，它还可以与人合作表演节目，任人抚摸、亲吻、骑乘，甚至张大嘴巴让人把头伸进去，以此惊险动作供人观赏。鳄鱼全身是宝。其皮可加工成高级皮鞋、腰带、精制皮包等。其肉味美且营养丰富，内脏可以入药，骨中富含磷、钾，可做化工原料；牙可做装饰品用以收藏。可见鳄鱼的经济价值相当高，对其进行人工饲养效益较好。泰国著名的拉差龙虎园，8年培育出鳄鱼6万多只，并把它们推向市场，成了当地人的摇钱树。可见，鳄鱼对人类社会的经济发展，也做出了一份贡献。

爬行动物中的"杀手"

平静的河面上有两个小突起在移动，这一般不会引起人们的注意，但千万不要小视它们，很有可能小突起的下面就是"冷血杀手"——鳄鱼，它们是现存最大的爬行动物。鳄鱼经常以这种方式捕捉猎物，鳄鱼身披鳞甲，力量巨大，可谓是"湿地之王"啊！

鳄鱼是世界上最大且最危险的爬行动物。它们常常潜伏在水中或泥塘边等待猎物的到来。鳄鱼大都生活在热带和少数温带地区，

白天在太阳底下取暖，夜晚则回到温暖的水里。

鳄鱼的"防水设备"很独特：嘴巴和喉咙被一种覆盖在颚上的骨质皱襞隔开，耳孔里的鼓膜紧闭起来，鼻孔内的活门自动关闭，眼睛上还覆盖着一层透明的眼睑，形成了一层很好的保护膜。

鳄鱼的眼睛长在头部较高的位置，它们潜伏在水中的时候，只露出一双眼睛来观察周围的动静。鳄鱼的眼睛能够看到三维物体，在眼睛后方还有一个膜，可以使更多的光线反射进来，所以鳄鱼的夜视能力非常好。

鳄鱼隐藏在水里的时候，看起来像一截枯木或一块岩石，这样有利于猎物自投罗网。鳄鱼往往选择隐藏在河岸边、水塘边、斜坡上……总之是在猎物容易滑倒的地方进行捕猎。

鳄鱼肾脏的排泄功能很差，体内的盐分必须靠开口位于眼睛附近的盐腺来排泄。鳄鱼吞食的时候，嘴巴张大便会压挤盐腺，流出"泪"来。

尼罗河鳄鱼严格地按年龄和性别组成不同的团体共同生活在一起。在一个群体中，往往是由体型最大的雄鳄鱼或攻击性比较强的鳄鱼掌握着领导权。

尼罗河鳄鱼主要生活在湖泊和河流中。它们以捕食那些下河饮水的动物为主，将猎物拖入水里，使其溺水而亡。尼罗河鳄鱼的求偶表演是很精彩的，雄鳄会守护着一段河岸，大声吼叫着，严禁其他鳄鱼闯入。当雌鳄被其吸引而游向这边时，雄鳄便兴奋地摆动身体，将水从鼻孔内射向天空。

湾鳄是极其危险的动物，体重可达1000千克，体长一般为六七米，最长可达10米，真可谓是"鳄中之王"。由于湾鳄生活在海水中，所以又被称为"咸水鳄"。湾鳄生性凶猛，并且会随着年龄的增长而变得更加凶猛。

扬子鳄是中国的特产，它们也是我国境内唯一的鳄类爬行动物，属于国家一级保护动物。在所有的鳄种类中，只有扬子鳄和美洲的密西鳄生活在温带地区，所以到了寒冬，它们必须跑到地下洞穴进行蛰伏。

扬子鳄的洞穴非常复杂。四周布满了逃生用的洞口，而且都隐藏在草丛中，穴道纵横交错。洞内有很多小室：有冬眠时的卧室，有平时的休息室，还有可供它们洗澡用的水潭等。

恒河鳄生活在印度北部的江河里，嘴巴又长又窄，牙齿异常尖锐，有利于捕鱼。它们主要的食物就是鱼。恒河鳄从不侵害人类，但是会吃漂浮在恒河上的死尸。

美洲短吻鳄鱼是西半球最大的爬行动物。它们一般生活在有河流的沼泽地里，捕食一切可以制服的动物。每到夏天，洼地里就会积满水，从而成为鳄鱼们嬉戏打闹的乐园，于是，当地人称这些洼地为"鳄鱼洞"。冬天一到，短吻鳄们就会选择比较浅的洞穴进行冬眠，洞内温度有时只有零摄氏度左右。

为什么鳄鱼会掉眼泪？

人们常用"鳄鱼的眼泪"来形容做残忍事情的同时又假惺惺对受害者表示同情的现象。鳄鱼是性情凶猛的肉食性动物，在吃猎物之前，真的会先假惺惺地掉几滴眼泪，然后再进行吞食吗？

有些鳄鱼在吃食物时，的确是有眼泪流出，但这与取食没有丝毫关系。通过对鳄鱼的眼泪分析，发现里面的盐分含量非常高，原来鳄鱼是通过流眼泪的方式来排出体内多余的盐分。在爬行动物中除了鳄鱼，许多动物尤其是生活在海洋中和干旱地区的动物，如蜥蜴、巨蜥、海龟、海蛇等都发展出了这种肾外排盐器官，这个器官叫作"盐腺"。

正因为有了盐腺，生活在海洋中的这些动物才能饮用海水。由于鳄鱼等动物的盐腺位于眼睛的附近，在其排出

多余盐分的时候，就好像是在掉眼泪。人们也就误以为鳄鱼是出自怜悯之心而流泪了。

　　爬行动物具有这种特殊的肾外排盐器官，是对干燥环境和海洋生活的一种适应。一些海产鱼类和海鸟也有肾外排盐器官。一些海鱼鳃上有排盐细胞，把血液中的盐分提取出来排入鳃腔，流出体外。海鸟捕食鱼类时会吃进海水，海鸟眼窝处有盐腺将体内多余的盐排出体外。当你看到海鸟喙尖滴下液体时，千万别认为鸟儿感冒了，那是由盐腺排出的高浓度盐溶液沿着鼻孔流到喙尖了。

善伪装的鳄鱼

虽然流泪并不是鳄鱼的伪装术，但鳄鱼仍然可以跻身伪装大师的行列。我们知道，鳄鱼是一种凶猛的食肉动物。无论是在湖泊、沼泽还是溪流中，都能见到鳄鱼的身影。鳄鱼不仅称霸水域，而且能爬上岸来活动。它们生性凶残暴戾，嗜杀成性，其中较大的品种，如尼罗河鳄鱼，即便是遇到凶猛的狮子也毫不退让。鳄鱼头扁身粗，四肢粗壮，体表粗糙，尾巴长且厚重。它们的双颚强而有力，血盆大口一张，便露出那寒光闪闪的锥状牙齿。光这副凶恶的模样，就足以让其他动物胆战心惊，避之唯恐不及。

不过也正因为如此，鳄鱼想要捕猎成功，首先就必须通过巧妙的伪装才能靠近猎物。在水面平静、浮萍丛生的湖泊中，它们想要伪装自己是不难的。聪明的鳄鱼能把身体巧妙地潜入水面下，让浮萍覆盖在自己粗糙的背上，只露出一双眼睛向四周窥视。从水面上看去，身躯庞大的鳄鱼居然毫不起眼，就像是浮萍中间漂浮着的一小块枯枝似的。从平静的湖面上，压根看不到危险的存在。不过，这时要是有一只野鸭从天空中降落下来，或是岸边的一匹斑马去湖边喝水，甚至是人不慎掉入水里，埋伏在浮萍中的鳄鱼就会悄悄地游过来，以迅雷不及掩耳之势发动突然袭击，将猎物死死咬住，然

后拖进深水中溺死。

那么，如果是在水流湍急的大河里，或者水面上没有浮萍，鳄鱼还能成功地进行伪装吗？在这些水域中，鳄鱼如果还是只把身体稍稍潜入水面，自然难免被水面上的动物发现。这时，鳄鱼会把自己的身体一直沉到水底。由于鳄鱼头部和背部的皮肤非常粗糙，加上颜色与水底的泥沙非常相似，它们就可以把自己完美地隐蔽起来。

辽阔的非洲大草原上，每逢旱季、雨季更替之际，成千上万的野牛、角马和斑马等动物就要进行大规模的迁徙，去水草丰茂的地方觅食。当它们放足狂奔的时候，草原上响起的蹄声就像古代战场上的鼓角齐鸣一般，响彻云霄。这些迁徙动物为了赶往目的地生存繁殖，往往不惧激流，不畏艰险，就算是水势浩大、潜藏鳄鱼的河流也不能阻挡它们前进的决心。不过，虽然迁徙动物的数量众多，但它们对埋伏在暗处的鳄鱼始终不敢掉以轻心。大多数时候，动物们会挑选那些相对安全的地方作为"渡口"，集群渡河。

狡猾的鳄鱼当然不会放过这每年一次的绝好机会。当迁徙的动物要开始渡河的时候，鳄鱼早就成群结队地守候在河水中了。这时，鳄鱼会把身体潜入水中，只把眼睛和鼻孔露出水面，窥视着迁徙动物群的一举一动。因为河水湍急，波涛汹涌，借着水波的掩饰，鳄鱼的行动极难被发现。

由于猎物的数量太过庞大，鳄鱼根本不担心吃不饱，所以它们通常不愿去费劲捕猎。许多年幼的动物，比如小角马，会在渡河的过程中因体力不支而自己滑倒。这时，等候多时的鳄鱼才会露出杀手的本性，一拥而上。一旦被鳄鱼咬住，很少有动物还能挣脱。不过也有一些时候，被鳄鱼咬住的是身体比较强壮的成年个体，这时鳄鱼与猎物之间就会展开长时间的拉锯战，看谁先支持不住而放弃。只不过，对鳄鱼来说，放弃的只是一顿美餐，而对野牛等动物来说，放弃就意味着失去了生命。

第一章 性情凶猛的鳄鱼

聪明的鳄鱼

　　鳄鱼在很多方面都和我们想象的不一样，比如外表上看起来很笨拙的鳄鱼，其实是很敏感聪明的。鳄鱼的听觉、视觉都极其灵敏，身体各段活动也都很灵活。它一旦碰到敌害或看到食物，会立即用粗大而有力的尾巴猛扫。鳄鱼的智商和其他的动物相比，也是很高的，所以人类对鳄鱼进行驯化的历史也很悠久了。在泰国北榄鳄鱼人工养殖场，人们在节假日来此观赏，驯鳄人向游客作斗鳄、捕鳄和驯鳄的各种精彩表演。只看他一会儿将鳄鱼抱起，一会儿将它扛在肩上，一会儿又揪住鳄尾，将它拖出水面。表演扣人心弦、令人惊叹。

　　鳄鱼的聪明之处还体现在它的捕食方式上，每当鳄鱼发现岸边有小动物时，聪明的鳄鱼会马上将身体躲到水底，然后慢慢地朝小动物方向游去；鳄鱼到附近之后，先是一动不动地盯着，然后突然一跃而起将小动物捉住，最后用嘴叼到河里将它溺死，痛痛快快地饱餐一顿。看来鳄鱼还是隐藏和乔装打扮的高手呢！

　　最近经过科学家的考察发现，鳄鱼之所以具有这种捕食方式，和它的眼睛的结构也是有关系的。首先，从眼睛的位置上看，鳄鱼突出于上部的双眼，好处在于它恰好满足了鳄体从水底远距离窥视水面猎物的需求。据此科学家们推断，古代的鳄鱼历经漫长的进化后，眼睛慢慢地移到头上部，演变为现代的拥有偷猎式绝技的鳄鱼。另外一个鲜为人知的原因是，所有鳄鱼都是不折不扣的重度远视眼患者，它们对眼前进出的东西视角反应是很迟钝的，所以必须潜到水里去等待目标的出现。

　　鳄鱼虽然是很残忍的，但是令人感到惊奇的是鳄鱼有的时候竟然能够和其他的生物和谐相处。比如尼罗河鳄鱼有和千鸟共生活的习性，这种小鸟经常栖息在尼罗河沙洲上。它和鳄鱼是好朋友，经常在鳄鱼身上找小虫吃，有时还能进入鳄鱼嘴里啄吃寄生于鳄鱼口内的水蛭。有时鳄鱼的口偶然闭合，小千鸟被关在鳄鱼口内，可是鳄鱼并不吞下这只小鸟，而是要小鸟轻轻地击它的上下颚，鳄鱼才会张开嘴，让小鸟飞出来。千鸟是一种感觉敏锐的鸟类，只要听到一点动静，它就会喧哗惊起。所以，每当鳄鱼张口轻寐时，只要有异样的响声，千鸟立即喧噪，从而惊醒正在睡梦中的鳄鱼，于是，鳄鱼就可以立即沉入水底，避免遭受意外的袭击。或许，从这个角度上看，这种小鸟还成了鳄鱼的天然警卫了呢！

 ## 鳄鱼后代的性别秘密

自然界绝大多数的生物在繁殖上无法控制后代的性别，不过这对于鳄鱼而言却是轻而易举。

因为在自然界里，脊椎类动物的性别在受精的瞬间即由父母双方的染色体决定：如果一条x染色体遇到一条Y染色体，那么下一代的性别就是雄性；如果是两条x染色体相遇，那么下一代的性别则为雌性——哺乳动物、鸟类、蛇类与爬行动物中的蜥蜴后代性别都是如此。

以我们人类为例：人体的每个细胞（包括生殖细胞）中都有23对携带遗传物质的染色体，其中22对为常染色体，决定除性别以外的全部遗传信息，另外1对为性染色体，决定胎儿的性别。

常染色体男女都一样，没有性别差异。性染色体则不同，男性的1对性染色体由x和Y染色体组成（XY），而女性的1对性染色体均为x染色体（XX）。23对染色体一半来自父亲，一半来自母亲。

精子和卵子结合之后融为一体，成为受精卵。这时，精子中的23条染色体和卵子中的23条染色体配成23对染色体。如果精子中x染色体和卵子结合，受精卵中的一对性染色体为XX，胎儿发育为女性；如果精子中Y染色体和卵子结合，受精卵中的一对性染色体则为XY，

胎儿发育为男性。由此可知，生男生女决定于男方精子携带的性染色体是x，还是Y，与女方卵子无关。

目前人类尚无准确的办法决定后代的性别，只能在卵子受精完毕的一段时间之后，借助科学仪器知道孕妇腹中胎儿的性别。

不过对于鳄鱼而言，事情就简单得多——它们"生儿产女"并不是由染色体起作用，而是凭借孵化时的温度！

鳄鱼的受精卵利用太阳的热能和巢穴内部杂草遇湿发酵的热量进行孵化——美国科学家近年来对美洲鳄和扬子鳄作了详细研究，结果证明，孵化时的温度决定幼鳄的性别。

研究表明：孵化温度为26℃～30℃时，幼鳄全为"女性"；30℃～34℃时，幼鳄"有男有女"；34℃～36℃时，幼鳄全为"男性"。如果温度过高或者过低，它们的卵就不可孵化，成为"死蛋"。

雌鳄在选择巢址的位置时，非常讲究科学性——多数雌鳄在温度较低的低洼遮蔽处筑巢；只有少数雌鳄在温度较高的向阳坡上建巢。

如此一来，阴凉的地方可以孵化较多的雌性后代，大大有利于鳄鱼家族的繁衍。

为什么巢穴温度会决定鳄鱼后代的性别？

科学家分析：温度变化会对幼鳄体内的性激素分泌量和接受量产生影响，从而影响性别的变化。目前的研究进程已经深入到分子和基因层面，但是距离研究结果尚需一段时间。

另外，与鳄鱼相同的，海龟亦是凭借孵化时的温度决定幼龟的性别；而与鳄鱼不同的，海龟是孵化时的温度越高，雌性越多——孵化温度超过29℃时，幼龟全为"女性"；孵化温度低于27℃，幼龟全为"男性"。

 # 披甲元帅——扬子鳄

扬子鳄，动物学上叫鼍，欲称"猪婆龙"，属爬行纲，鼍科。为我国特有动物，也是我国唯一的鳄种，非常珍贵，已被列为国家一级保护动物。全球鳄类共有25种，中国只有湾鳄和扬子鳄，但是作为体形最大的湾鳄早已在几百年前就灭绝了。而扬子鳄现为我国特有，也是来唯一分布在温带的子遗种类，属于国家一级保护动物。扬子鳄主要吃螺、蛙、虾、蟹、鱼及鼠、鸟等，遇上较大猎物，会以粗硬的尾巴击打。饱食一顿后的扬子鳄可长时间不吃东西。

扬子鳄从见于甲骨文字的殷商时代算起，被我们认识已有约3500年了。过去，扬子鳄盛产于安徽、江西、江苏、浙江的长江沿岸沼泽地带，直到上世纪50年代，九江、芜湖一带还相当多。后来，由于城乡的经济发展，人口增多，使其适宜的生活环境减少，再加上采猎频繁，现在仅见于安徽东南部，长江支流青弋江两岸的南陵、宣城、泾县、宁国、郎溪、广德等处和浙江太湖之畔及安吉的苕溪两岸。估计约有300～500条。

作为爬行动物，扬子鳄体长2米，尾长与身长相近；头扁，吻长，外鼻孔位于吻端，具活瓣；身体外被革质甲片，腹甲较软，

甲片近长方形，排列整齐。有两列甲片凸起形成两条脊纵贯全身；四肢短粗，趾间具蹼，趾端有爪；身体背面为灰褐色，腹部前面为灰色，自肛门向后为灰黄相间；尾侧扁。初生小鳄为黑色，带黄色横纹。

扬子鳄善于游泳，栖息于水中，筑巢在河湖浅滩、植被密生的草丛中。扬子鳄具有冬眠习性。寒冬，扬子鳄钻到地下洞中蛰伏，穴深2～3米，带有1～3个出口，穴顶有通气小孔，洞窟是长达几米到20米不等的隧道，内铺枯木、杂草等。冬眠至4、5月份，扬子鳄出蛰。5、6月份进入繁殖期，7、8月份产卵，卵白如鸡蛋，两个月后孵化出壳。出生后的小鳄十分虚弱，常受到其他动物的威胁。

扬子鳄是一种半年活动、半年休眠的动物。由于产地的冬季比较寒冷，气温可以低到0℃以下，爬行动物适应不了，因此扬子鳄就进入冬眠。冬眠期，一般由每年10月下旬开始，扬子鳄入洞休眠一直到第二年4月中旬或下旬才出洞，将近半年的时间。由于扬子鳄是世界上目前现存20多种鳄当中唯一的冬眠种，因此，有很高的科学研究价值。

扬子鳄是我国特有的子遗物种，它在生理上具有许多残遗特征，分布上的不连续性也说明了这一点。为了探索扬子鳄的奥秘，以及抢救扬子鳄，安徽省在残存扬子鳄的宣城、郎溪、广德、泾县、南陵等5县建立了自然保护区。再者，是在扬子鳄比较集中的宣城，建立了1个养殖场，专门从事人工繁殖的实验。

对于扬子鳄，我国3年基本解决了3个问题：1981年解决了人工孵化问题。1982年解决了幼鳄饲养问题。这一年我国从事扬子鳄人工繁殖的专家竟养活了87条幼鳄。1983年解决了在人工饲养条件下也能产卵的问题。扬子鳄在野外生活了两亿多年，终于实现了人工繁殖。看来扬子鳄不会灭绝了，当扬子鳄在人工饲养的条件下数量增长得很多的时候，就可以一部分供应全国的动物园、博物馆和科研单位，一部分放回自然界，还有一部分就可以成为制革、制药、食品等工业部门的原料了。

目前，由于长江下游湿地遭到严重破坏，河湖被围成农田，造成扬子鳄的野生数量急剧减少，但扬子鳄的人工繁殖却相当成功。《世界自然保护联盟红皮书》把扬子鳄定为"极危级"，我国将其定为国家一级保护动物。

鳄鱼从前是吃素的

在人们的心目中，鳄鱼就是"恶鱼"。一提到鳄鱼，立刻会想到血盆大口，密布的尖利牙齿，全身坚硬的盔甲，时刻准备吃人的神态。它的视觉、听觉都很敏锐，外貌笨拙其实动作十分灵活。鳄鱼长这副模样就是为了吃肉，所有的动物包括人都是它的食物，再凶猛的动物见了它也只能以守为攻主动避让，绝不敢轻易招惹它。

全世界现存25种鳄鱼。但是，有一支考古探险队在马达加斯加发现了一种从未见过的鳄鱼化石。化石上这条被命名为Simosuchusclarki的鳄鱼，有一张短而有力的嘴，有着像食草动物——食草恐龙一样的牙齿。这种牙齿从没有在以前出土的鳄鱼化石和现代鳄鱼中看到过。这是一种生活在7千万年前的食草陆生鳄鱼。

Simosuchusclarki化石鳄鱼是在马达加斯加发现的7块鳄鱼化石之一。纽约大学的考古学家、探险队的领队戴维·克劳斯说："这是至今为止最令人惊奇的发现。不仅因为它是食草的——有一个短得像猪一样的嘴，这是其他鳄鱼所没有的。它的其他特征还让我们相信，这是个陆生生物，而非一般的水生鳄鱼。"

白垩纪晚期是哺乳动物进化史上的一个重要时期，在那段时间里，许多种群开始分化，以适应在不同的小环境下生存。

Simosuchusclarki鳄鱼就是个很好的例子。戴维·克劳斯说："鳄鱼从白垩纪晚期日趋多样化，大到5米长。小的不足1米，以适应不同生存环境的需要。Simosuchusclarki鳄鱼就是这种分化后期的品种，但毫无疑问，它与现代鳄鱼不属于同一个支系。"

建立灭绝物种和现代动植物之间的关系，有助于研究过去的地理结构。以往北半球发现的化石比较丰富，在马达加斯加的发现之前，有关南半球冈瓦纳古陆的化石非常少。对物种在南半球跨大陆发现的早期理论认为，在今天的各大陆之间，有巨大的"桥"相连。但现在，科学家们认为1.65亿年前，非洲大陆最早从冈瓦纳古陆分离出去，而印巴次大陆、马达加斯加、南美洲、南极洲连在一起的时间较长，因此植物和动物得以分散到各处。

马达加斯加考古队发现的化石证实了这一假说。"这些动物群化石——包括鱼、青蛙、海龟、哺乳动物、恐龙、鸟，是白垩纪晚期脊椎动物进化的有力证据。"考古学家戴维·克劳斯说："但物种是怎样，何时传播开的，依旧是博物学最难解的一个谜。"

第二章
人类的好朋友——青蛙

　　青蛙很美丽。绿色的外衣上有深色的条纹，两只鼓鼓的大眼睛，大嘴巴，白肚皮，四条腿，前腿短，后腿长。青蛙行动非常敏捷，它那双结实的后腿用起劲来，可以跳一两尺高。青蛙每天在稻田里巡逻，像忠于职守的哨兵。在电视片中可以看到，青蛙的舌头很长，平时是反折起来藏在嘴里的，一旦害虫飞过，青蛙的舌头就闪电般伸出来，一下子就把害虫卷住吞下去了。

妇孺皆知的益虫

青蛙前脚上有四个趾，后脚上有五个趾，还有蹼。青蛙头上的两侧有两个略微鼓着的小包包。那是它的耳膜，青蛙可以通过它听到声音。青蛙的背上是绿色的，很光滑、很软，还有花纹，腹部是白色的。可以使它隐藏在草丛中，捉害虫就容易些，也可以保护自己。它的皮肤还可以帮助它呼吸。它的气囊，只有雄蛙有。青蛙用舌头捕食，舌头上有黏液。青蛙是卵生的，卵孵化成蝌蚪，最后才变成青蛙。青蛙的身体分为头、躯干、四肢三部分，皮肤光滑。

青蛙用肺来呼吸，但也可以通过湿润的皮肤从空气中吸取氧气。它皮肤里的各种色素细胞还会随湿度温度的高低扩散或收缩，从而发生肤色深浅变化。青蛙平时栖息在稻田、池塘、水沟或河流沿岸的草丛中，有时也潜伏在水里。一般是夜晚捕食。青蛙是杂食性动物，其中植物性食物只占食谱的7%左右；动物性食物约占食谱的93%。

青蛙，系两栖纲蛙科动物的统称。北方俗称青蛙为大青乖子，原名田鸡、青鸡、坐鱼、哈鱼，学名黑斑蛙，是国家保护的野生动物。其种群在中国的平原、丘陵、山地均有广泛的分布，但个体的品质以北方产的青蛙最为优良。

青蛙的眼睛很特别。原来，蛙眼视网膜的神经细胞分成五类，一类只对颜色起反应，另外四类只对运动目标的某个特征起反应，并能把分解出的特征信号输送到大脑视觉中枢——视顶盖。视顶盖上有四层神经细胞：第一层对运动目标的反差起反应；第二层能把目标的凸边抽取出来；第三层只看见目标的四周边缘；第四层则只管目标暗前缘的明暗变化。这四层特征就好像在四张透明纸上的画图，叠在一起，就是一个完整的图像。因此，在快速飞动的各种形状的小动物里，青蛙可立即识别出它最喜欢吃的苍蝇和飞蛾，而对其他飞动着的东西和静止不动景物都毫无反应。

生活习性

青蛙基是以昆虫为食，但大型青蛙可以捕食鱼、鼠类，甚至鸟类。青蛙基本在夜间捕食。

青蛙捕食大量田间害虫，对人类有益。它不单是害虫的天敌，更是丰收的卫士。那熟悉而又悦耳的蛙鸣，其实就如同是大自然永远弹奏不完的音乐，是一首和谐的田野之歌。"稻花香里说丰年，听取蛙声一片"，有蛙叫声农民就有播种的希望，有蛙叫声就有收获的喜悦和欢乐！

从前的都市郊区和乡村都有一片片宽阔的水塘，那里是蛙类生息的乐园。然而几乎是一夜之间却被都市的蔓延吞噬，一些残存的青蛙成了真正的井底之蛙，它们虽然有幸生存下来却不幸失去了田野，失去了禾苗，失去了活动的天地和自由，甚至只有等到夜深人静的时候，才敢怯生生地发出几声鸣叫，轻轻地，缓缓地，似乎怕惊扰了都市瑰丽的梦幻，又似在一声声地呼唤着远离它们的同伴。

青蛙从什么时候才会跳跃

　　青蛙，两栖类动物，最原始的青蛙在三叠纪早期开始出现，属于动物界、脊索动物门、两栖纲、无尾目，现今最早有跳跃动作的青蛙出现在侏罗纪。最原始的青蛙在三叠纪早期开始出现，现今最早有跳跃动作的青蛙出现在侏罗纪。

　　青蛙成体无尾，卵产于水中，体外受精，孵化成蝌蚪，用腮呼吸，经过变态，成体主要用肺呼吸，兼用皮肤呼吸。

　　蛙和蟾蜍形态结构相近，这两类动物没有太严格的区别，蟾蜍皮肤多粗糙。蛙体形较苗条，多善于游泳。

　　青蛙颈部不明显，无肋骨。前肢的尺骨与桡骨愈合，后肢的胫骨与腓骨愈合，因此爪不能灵活转动，但四肢肌肉发达。青蛙是国家三级保护动物。青蛙的成体用肺呼吸兼用皮肤呼吸，能够离开水在陆地上生活。是生物从水中走上陆地的第一步，比其他水生生物要先进，但繁殖仍然离不开水，幼体需要在水中经过变态才能成长。

 ## 让你意想不到的蛙种

蛙类大约有4800多种，绝大部分生活在水中，但也有生活在雨林潮湿环境的树上的，但卵还是产于水中，当然有的树蛙仅仅利用树洞中或植物叶根部积累残余的水洼就能使卵经过蝌蚪阶段。2003年在印度西部新发现一种"紫蛙"，常年生活在地底的洞中，只有季风带来雨水时才出洞生育。在广东广州荔湾区一带还发现一种"波动青蛙"，其外形像蟾蜍一样。

蛙类和蟾类很难绝对地区分开，有的科如盘舌蟾科就既包括蛙类又有蟾类。但最新品种"波动青蛙"至今尚未有分类。

蛙类最小的只有5厘米，相当一个人的大拇指长，大的有30厘米，体型短阔，拥有强健的后肢。瞳孔都是横向的，皮肤光滑，舌尖分两叉，舌跟在口的前部，倒着长回口中，能突然翻出捕捉虫子。有三个眼睑，其中一个是透明的，在水中保护眼睛用，另外两个上下眼睑是普通的。头两侧有两个声囊，可以产生共鸣，放大叫声。有的蛙类皮肤分泌毒液以防天敌，生活在亚马逊河流域雨林当中的一种箭毒蛙分泌物被当地印第安人用来制作箭毒，见血封喉！

青蛙的种类很多，虽然大家都管它们叫"绿色使者"，但是也不乏其中有很多令人恐怖的青蛙品种。据说1996年10月，美国一个著

名的动物考察队在巴西亚马逊河热带雨林中，曾经被一种变异的红色"血蛙"和一种"巨蛙"包围。"血蛙"尾巴中能喷出浓浓的黑汁，这种黑汁射入人的眼中眼睛就会失明，射在皮肤上就引起皮肤糜烂；而"巨蛙"更可怕，它们竟然吃人。此后经科学家研究发现，"血蛙"和"巨蛙"并不是在地球上新发现的青蛙，而是人类已知青蛙的变种。如果这种变种青蛙被克隆，就可能成为战争中的恶魔。

青蛙有一个怪癖，它只吃活物，否则宁可饿死。青蛙之所以有这样的怪癖并不是因为青蛙非常挑食，而是因为青蛙的眼睛根本就看不见不能动的食物。对于五彩缤纷的美丽的静夸世界，青蛙却视而不见，就像是我们坐在出故障的电视机前一样，眼前灰蒙蒙的一片，什么也看不清楚。不过一旦活物从青蛙眼前掠过，就休想逃过青蛙的大眼睛，因此青蛙对于运动中的猎物常常是手到擒来、十拿九稳。

青蛙作为两栖动物，当它的祖先在很久以前从水中爬到陆地上时，就失去了观看世界的视力，再加上它们接收声音、气味信息的器官，不能很好地适应从水中到陆地的环境变换，只能靠视觉功能来获取食物，最终给自己留下了一个"见动不见静"的终生遗憾。

青蛙是植物的绿色使者

青蛙是两栖动物，基本上怕干旱和寒冷，因此大部分生活在热带和温带多雨地区，分布在寒带的种类极少。我国的蛙类有130种左右，南方深山密林中种类较多，保护庄稼的作用更为明显。青蛙多以田间的害虫为食，是一种对人类有益处的生物。

那么，到底青蛙一个昼夜能捕吃多少昆虫，虽然目前还缺乏精确可靠的资料，但人们在剖验黑斑蛙胃时，曾发现最多含有37只虫。一只蛙在一昼夜，如果仅以早晚饱餐两顿计算，它所捕食的虫约有70只，1个月为2000只。诚然，这些虫并非都是害虫，但是一年吃10000只害虫的估计并不过高。如果让那些捕捉青蛙的人也来算算这笔细帐，他该知道自己干了一件多么愚蠢的事！

青蛙吃东西的时候的动作是非常迅速的，当它们看到目标后，青蛙就马上一跃而起，准确地把蛾咬住，随即吞食。即使是身体较大的稻蝗在它们前面跳过，青蛙也不放过机会，吐出舌头把它卷到口里。在它们一连串捕食动作中，你可以看出，蛙类的舌头很发达，较厚多肉，能分泌很多粘液，舌根

倒生在下颌前缘，舌头尖很薄，有分叉。捕捉食物时，舌尖突然翻出，粘住食物，卷入口中。它的口腔宽而扁，上颌和口腔的上壁有细齿，可以防止食物逃脱。它的食管也很宽大而且有伸缩性，所以能吞下较大的害虫。蛙胃的消化能力较强，能把囫囵吞下去的害虫消化得一干二净。

　　青蛙的眼睛非常特殊，看动的东西很敏锐，看静的东西却很迟钝。青蛙会有效地捕捉住任何小的移动物体，只要虫子在飞，不管飞得多快，往哪个方向飞，它都能分辨并且能够准确地捕获，不过，如果只给它喂死苍蝇或者死虫子，它就会饿死，因为它不会认为这些死东西是食物。这是因为，青蛙的视网膜和大脑明显具有一些可以对移动（和大小）作出反应的神经元，这种能力具有比视觉方面意义更大的生存价值。研究青蛙的眼睛，也给了人类很多有益的启发，人类也正是在此基础上，充分发挥了仿生学的优势，制造了电子蛙眼。

青蛙家族的衰落

　　两栖动物中的大多数种类已经在地球上衰落了，而现生种类也迅速成为濒危物种，这样的结果归咎于诸多方面，其中最主要的是频繁的人类活动和全球工业的急剧发展。一方面，它致使物种灭绝；另一方面，由于工业污染特别是化学工业污染，使生态环境恶化日益加剧，使湿地大规模遭到破坏。

　　最近的研究发现，作为一种农用真菌抑制剂的化合物三苯基锡，其含量即使低于田间浓度，也可能导致几种青蛙发生畸变甚至死亡。

　　三苯基锡，主要用来对付甜菜和马铃薯体内的疾病，但有时也用于洋葱、水稻等多种农作物中。这不可避免地污染了水生生态环

境，有的是直接污染水稻田，另外还通过地表径流污染江河沟渠。因为三苯基锡的液相降解速度很慢，导致它在水中富集，从而对水生生物造成极大的毒害，特别是损伤了蝌蚪大脑的中枢神经系统。

自然界总是在玩笑中动真格

对于更大区域甚至全球范围内两栖动物数量下降负有不可推卸责任的也许是臭氧的减少。地球臭氧层变薄，紫外线辐射量上升，将使两栖动物的卵无法孵化为幼体。最有可能受紫外线辐射增强的影响的两栖动物，是生活在更高寒、更靠近极地的两栖动物，那些地区的臭氧层最薄，两栖动物必须靠晒太阳来调节体温，结果受辐射量增加，两栖动物体内的脱氧核糖核酸分子被破坏。

环境激素也可能要对全球两栖动物数量下降负责，滴滴涕之类杀虫剂分解的污染物，有可能严重破坏两栖动物的生殖能力，其情况类似于鱼和鳄鱼等水中生物。事实上已经发现，这种环境激素使一些雌性树蛙雄性化，同时也会使另外一些种类的雄性树蛙雌性化，结果，这些树蛙都不能生育。这种在环境中不易分解的激素分子，沉积在池塘湖泊底部的污泥中，被在底部生活的两栖动物的幼体吞入腹中。很少的积聚量的这种激素就能生效，而且极易随风飘散，因此，不论原生地在哪里，都会形成全球威胁。

地球上日渐严重的温室效应不仅使气候出现了奇怪的变化，也使变色的青蛙数量在逐渐增多，很多地方出现了橘黄色、白色、甚至粉红色的青蛙，这种现象肯定不是自然界与人类在开玩笑。

畸形青蛙的警告

北美洲发现多处的畸形青蛙是生活环境中维生素A复合物含量过高造成的，这种复合物其中含有视黄酸，它是一种激素，能控制脊椎动物几个重要方面的发育过程，它的过量也会导致人类的生育畸形。

在美国，靠近湖泊和河流的湿地中出现了一些严重畸形的青蛙，有的只有3条腿，有的前两条腿缺失，有的后腿长了3条或4条。这一消息引起了世界各地的环保专家和人士的震惊和密切关注。对此，有人认为是寄生虫捣的鬼，有的认为罪魁祸首是杀虫剂，还有的则认为是臭氧层破坏造成紫外线过多污染环境而致动物畸形。其中最大的可能是水源污染所致。可以确认的是水源受到多种物质的污染，包括特殊的杀虫剂、重金属、氯化物，当然也不排除其他化学物质的污染。

由于青蛙是水陆两栖动物，他们一般被视为是环境卫生的准确的晴雨表或指示器。青蛙在发育时，其胚胎直接浸泡于水中，更容易受到致畸物的影响，因而更脆弱。对于人来说，尽管其胚胎在发育时，受到多种因素的保护，但是通过激素致青蛙畸形的途径也可以影响到人，人类畸变的可能也是存在的。能致青蛙畸形也一定能使人畸变，这一点是毫无疑问的。这一天的到来只是时间问题而已。

因此，我们的结论是：保护生态环境，就是保护人类自己！

认识各种青蛙

　　我国的蛙类有130种左右，它们几乎都是消灭森林和农田害虫的能手。

　　在农田里常见的蛙类有黑斑蛙、泽蛙、金线蛙、花背蟾蜍等等。从古巴引入的牛蛙可算是蛙中的"巨人"，体长可达20厘米。它那哞哞的鸣叫声很像牛叫，所以叫牛蛙。

　　其实我国也有身体很大的蛙，例如生活在江南稻田中的虎纹蛙，身长超过12厘米，鸣声犹如狗叫。生活在江南山涧溪流中的棘蛙，又叫"石鸡"，体长也有12厘米左右。那么我国最小的蛙有多大呢？只比蚕豆略大一点。早春二月，海南岛上鲜花怒放。这时，白天在稻田附近可听到"呱呱"的鸣声。这是最小蛙类之一——姬蛙在求偶。这种蛙身长才2.5厘米，在鸣叫时，咽喉的下部会鼓出一个大气泡——鸣囊。

　　有时，你还可以听到从水草间传来阵阵"吱吱"的声音，那是一种不易发现的小蛙——浮蛙的鸣声。浮蛙是灰色的，身长只有2厘米，常飘浮在水草之间，只露出个头。一有动静，就马上潜水而逃。别看这些蛙身体小，它们可是小型害虫和白蚁的天敌。树蛙在我国约有十几种，它们轻盈瘦小，指端有吸盘，善攀登高大的树干或矮小的灌木丛，体色和周围环境一致。

　　世界上最小的蛙类是猪笼草姬蛙，科学家是在马来群岛的婆罗洲岛雨林里的猪笼草丛中及其周围发现这种青蛙的。这种新发现的青蛙，成年雄性的体型大约有一粒豌豆那么大。这种体型使它们很难被发现。然而对科学家来说非常幸运的是，这种青蛙非常爱叫，而且叫声很大。

青蛙的生殖特点

蛙类的生殖特点是雌雄异体、水中受精，属于卵生。繁殖的时间大约在每年四月中下旬。在生殖过程中，蛙类有一个非常特殊的现象——抱对。需要说明的是，蛙类的抱对并不是在进行交配，只是生殖过程中的一个环节，研究表明，如果人为地把雌雄青蛙分开（即没有抱对的过程），那么即使是在青蛙的繁殖期里，雌蛙也不能排出卵细胞。可见抱对的生物学意义，主要是通过抱对，可以促使雌蛙排卵。

一般蛙类都在水中产卵、受精，卵孵化后变成蝌蚪，在水中生活，然后变成幼蛙登陆活动。不过树蛙的产卵方法与众不同，斑腿树蛙产出的卵好像一团白色的肥皂沫，又像一团奶油，粘附在水草上。最有趣的是峨眉树蛙，它把卵块产在水边的树叶上，卵就在卵块中

发育，然后落到湖里，继续发育。又如鸣声悦耳的弹琴蛙，在产卵前还会先筑一个泥窝，然后把卵产在里面。

有些属于树蛙的蛙类并不上树，而是生活在水里。有些树蛙如红蹼树蛙和黑蹼树蛙，指、趾间有宽大的蹼，能由高处的树枝向低处展蹼滑翔，所以又叫飞蛙。有吸盘的蛙类除了树蛙外，还有雨蛙和湍蛙。其中以湍蛙比较特别，它们喜欢生活在湍急的水域中，能敏捷地穿过急流，爬登岩石。湍蛙的蝌蚪也很奇特，它的腹部有一个吸盘，能吸附在岩石上，以免被急流冲去。

有"胡子"的青蛙是我国特有的珍奇蛙类，最早发现在峨嵋山，后来在南方几省相继发现。这种蛙吻部宽圆、扁平，雄性上颌缘有椎形角质黑刺12～16根，所以叫胡子蟾。这些"胡子"的功能还在人们的研究之中。蛙的种类很多，但不论哪一种，都主要以害虫为食。

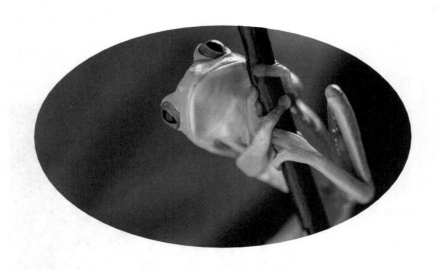

青蛙本领高

捉虫能手

青蛙爱吃小昆虫，它捕虫时的动作：一只青蛙趴在一个小土坑里，后腿蜷着跪在地上，前腿支撑，张着嘴巴仰着脸，肚子一鼓一鼓地等待着什么。一只蚊子飞过来，在青蛙面前一晃，青蛙身子猛地向上一蹿，舌头一翻，又落在地上。蚊子不见了，它又原样坐好，等待着下一个昆虫的到来。

歌唱家

青蛙嘴边有个鼓鼓囊囊的东西，能发出声音。它什么时候最爱放声歌唱呢？

炎热的夏天，青蛙一般都躲在草丛里，偶尔喊几声，时间也很短。如果有一只叫，旁边的也会随着叫几声，好像在对歌似的。青蛙叫得最欢的时候，是在大雨过后。每当这时，就会有几十只甚至上百只青蛙"呱呱——呱呱"地叫个没完，那声音几里外都能听到，像是一支气势磅礴的交响乐，仿佛在为农业丰收唱赞歌呢！

用声带发音

蛙的发音器官为声带，位于喉门软骨上方。有些雄蛙口角的两边还有能鼓起来振动的外声囊，声囊产生共鸣，使蛙的歌声雄伟、洪亮。雨后，当你漫步到池塘边，你会听到雄蛙的叫声彼此呼应，此起彼伏，汇成一片大合唱。科学工作者指出，蛙类的合唱并非各

自乱唱，而是有一定规律，有领唱、合唱、齐唱、伴唱等多种形式，互相紧密配合，是名副其实的合唱。据推测，合唱比独唱优越得多，因为它包含的信息多；合唱声音洪亮，传播的距离远，能吸引较多的雌蛙前来，所以蛙类经常采用合唱形式。

运动健将

蛙的眼睛鼓鼓的，头部呈三角形，加上爬行动作那么迟钝，也许你会以为它有点傻乎乎的。可是，当你稍一走近，它就猛地一跳，跳到那飘着浮萍的池塘里。这一跳，足足有它体长的20倍距离呢！然后，以最标准的蛙泳姿势，向对岸游过去。

电子蛙眼

人类根据青蛙眼睛的特点，制造了电子蛙眼。电子蛙眼能像真的蛙眼那样，准确无误地识别出特定形状的物体。

在国民生活中，电子蛙眼也起到了重要的作用，人们研究了青蛙的眼睛，制成了"电子蛙眼"，主要用它来监视飞机。机场上的指挥员凭着"电子蛙眼"的帮助，就能立刻判断出飞机飞向哪个方向，飞得多高，飞得多快。有了"电子蛙眼"，人们就能更加准确无误地指挥飞机的飞行降落。另外，电子蛙眼也被广泛用于军事领域，人们把电子蛙眼装入雷达系统后，雷达抗干扰能力大大提高。这种雷达系统能快速而准确地识别出特定形状的飞机、舰船和导弹等。特别是能够区别真假导弹，防止以假乱真。

第三章
游动的化石——娃娃鱼

　　盛夏的傍晚，若到陕南秦巴山区的山间小溪边纳凉散步，常常可以听到一阵阵"哇哇"的哭声。有时几个一起啼哭，其声颇为凄惨，令人揪心。但你千万别以那是谁家丢失的孩子在哭，因而大动慈悲之心；倒是可以在哭声出现的地方，去俯身仔细观察一下发出这种叫声的动物。它就是陕南秦巴山区的名贵特产动物"娃娃鱼"。

古老的鲵类

　　娃娃鱼是地球上现存的一种古老动物，是冰河时期的幸存者。据化石资料考证推断，大约在两亿年以前，娃娃鱼广泛分布并生活在地球北半球的江河里。后来随着地壳变动，气候巨变，冰河期来临，地球上大部分地区的娃娃鱼都冻死了。

　　娃娃鱼，名为鱼，其实并不是鱼。它属脊椎动物门、两栖纲、有尾目、隐鳃鲵科。有尾目动物最早出现于侏罗纪，现在主要分布于北半球，其中半数以上的科和种都分布于北美洲，东亚和欧洲也有一定数量，南美洲只有少数成员，而非洲撒哈拉沙漠以南和大洋洲则没有分布。

　　有尾目两栖动物终生有尾，多数有四肢，幼体与成体比较近似。有尾目有水生的也有陆生和树栖的，有些水生成员还终生保持有体形态。

　　有尾目中的隐鳃鲵科和小鲵科在外表上和习性上相差很大，

但却又共同拥有一些原始的性状，如体外受精并有不少幼态性状，因此被同归入隐鳃鲵亚目，作为有尾目中最原始的代表。隐鳃鲵亚目的成员分布基本限于亚洲特别是东亚，但是隐鳃鲵科的隐鳃鲵却仅仅分布于北美；而极北鲵除了分布于亚洲北部外，欧洲北部也有分布。

隐鳃鲵科，即美洲东北部的隐鳃鲵（美洲大鲵）和中国、日本各一种大鲵。隐鳃鲵科的三个成员是现存最大的三种两栖动物，其中中国大鲵身长可达1.8米、日本大鲵身长1.5米、隐鳃鲵身长0.75米。隐鳃鲵科成员终生生活在活水中，成体仍然保持有鳃裂，体侧有皮肤褶皱以增加皮肤面积，用于在水中呼吸，前肢4趾，后肢5趾。

小鲵科成员体型很小，身长不超过25厘米。

小鲵科的分布基本上只限于东亚一带，但也有特例，生物极北鲵则分布于欧亚大陆北部，北至北极圈，西到俄罗斯的欧洲部分，极北鲵也是分布最北的两栖动物。

小鲵科依生活方式的不同可分为两大类群，一类为陆栖，包括小鲵、极北鲵、爪鲵等，生活于林间潮湿的地面，仅在繁殖期回到溪流中；另一类为水栖，包括北鲵、山溪鲵等，多生活在寒冷山溪中，不远离水源。

长寿的两栖"娃娃"

娃娃鱼的学名是大鲵，属两栖纲、有尾目、隐鳃鲵科。大鲵是现存有尾目中最大的一种，最长可超过1米。在欧洲、东亚和北美的中新世、渐新世和上新世的地层中都发现有大鲵的化石，这说明大鲵在北半球曾广泛分布。经过漫长岁月的自然选择，如今隐鳃鲵科只剩下3种：中国大鲵、日本大鲵和生活在美国的隐鳃鲵。我国大鲵产于华北、华中、华南和西南各省，主要生活在山区的清澈溪流中，一般都匿居在山溪的石隙间，洞穴位于水面以下。中国大鲵为我国特有物种，因其叫声类似婴儿啼哭，故俗称"娃娃鱼"。中国大鲵由于遭到人类的捕杀，野生资源已受到严重破坏，需加强保护，现已被列为国家二级保护动物。

早在2000年前，已有不少书籍提到"鲵鱼有四足，如鳖而行疾，有鱼之体，而似足行，声如小儿啼"。由此可见，大鲵早已为人们所熟知。

大鲵有扁扁的脑袋，大大的口，小眼小鼻孔长在头的背面。身体粗壮而扁，四肢很短，前肢四指，后肢五趾，趾间还有蹼，皮肤很光滑。

大鲵还有自相残杀的特性，弱小的个体或许会成为长辈的腹中

食。大鲵长有尖锐的锯齿状上下颌齿，这颌齿很厉害，咬住食物后绝不松口。大鲵在棕褐色的背上生有大块的黑斑，体长60～70厘米。

大鲵的心脏构造特殊，已经出现了一些爬行类的特征，具有重要的研究价值。

另外，大鲵的生命力还是很顽强的。它们白天常潜居于有河流水的洞穴内，一穴一尾。它们主要在夜间捕食，常常守候在滩口乱石间，发现食物经过，即张开大口，囫囵吞食。

大鲵主要以蛙、鱼、蛇、虾以及水生昆虫为食，它的耐饥力很强，在清凉的水中两三年不进食也不会饿死。大鲵的寿命在两栖动物中也是最长的，在人工饲养的条件下，能活130年。

雌鲵产卵雄鲵孵卵

　　娃娃鱼用肺呼吸，但因发育不完全，还需借助皮肤进行气体交换。它虽有四足，但在陆地上爬行动作迟缓、笨拙，远不如在水中自由敏捷。每年夏末秋初，即6～9月是娃娃鱼的繁殖季节，娃娃鱼是卵生，其繁殖能力较低，一尾雌鲵一般可产卵300～400粒，卵呈圆珠状，并分泌出胶状物质，将卵保护起来，互相连成两条带子，产完卵，雌鲵就游走不管了。卵多产于岩洞内有微流水处。困为是体外受精，所以雄鲵于卵上受精后，就把卵带缠在自己身上，伏在洞内精心孵化。约20～30天左右孵出幼体，雄鲵方才离去。娃娃鱼幼体成活率不高，且生长缓慢，3年始长至20～30厘米，体重百克左右。出生后5年，体重才达到500克左右，也到了性成熟期，这时生命力极强。

娃娃鱼也会自相残杀

娃娃鱼的食性基本上是"吃荤不吃素"。性较凶猛，肉食性，主食螃蟹、鱼虾、蛇、鳖、蛙、蚌、水蜈蚣、小鸟、鼠及水生昆虫等，尤以蟹、蛙类居多。

它觅食的方法很懒惰，一般不愿四处找食。夜晚出来潜伏在滩口或巨石下，张大嘴巴，"守株待兔"的办法，等候自来食。若有小鱼、小虾、水生昆虫游至，它就一跃而上，吞进嘴里。这就叫"鲵鱼守滩口，专吃自来食"。

有时也爬上岸来，守候在滩上或乱石间，捕捉蛇、蛙、蟾蜍，甚至哺乳动物中的老鼠。在严重缺食情况下，自相残杀，吞食同类，大鲵吃小鲵。高兴了还爬上树，捕食蚊虫、雀鸟、野果之类开开口胃。

对于鲵上树，古书中多有记载，唐代《本草拾遗》一书中，对鲵鱼上树巧扑雀鸟作了一段有趣的记述："鲵生山溪中，似鲇有四足，长尾，能上树。大旱则含水上山，以草叶覆身，张口，鸟来饮水，因吸食之"。它的食量较大，一条2.5公斤重的鲵鱼，一次能吃下0.25公斤重的食物。它受惊后能够反胃。幼鲵喜食植物性食物。两岁龄以上喜食动物性食物。

全身是宝的娃娃鱼

娃娃鱼一身是宝，其肉细而白嫩，无骨刺，味道鲜美，营养丰富，不亚于海参，为高级营养品，被列为珍肴。既是国宴不可缺少的佳馔，也是久负盛名的山珍野味。且药用价值较高，其肉入药，有滋补、壮阳、截疟的功能。主治贫血、痢疾，病后虚弱及神经衰弱等症。我国历代本草书籍中都有大量记载，鲵鱼对贫血、霍乱、痢疾、发冷、血经等有辅助治疗作用。民间常用鲵鱼皮研细为末拌桐油可治水火油烫伤；肝可治水痨病；胃治小儿严重消化不良；其皮、胃、胆液还是滋阴健胃的上等补药；它的皮层分泌液还可治麻风病，是一味难得的中药材。相传，其脂肪点灯，燃之不耗。梁代陶弘景在《名医别录》中说：鲵鱼"其膏燃之不消耗，秦始皇骊山冢中所用人鱼膏是也"。

保护娃娃鱼的家

中国大鲵的野生资源有人估计全国总的蓄积量为5万尾，真正的野生大鲵仍在大自然中可能未达到5万尾，当然比较切合实际的数有待于深入的调查研究来评估。大鲵的人工繁殖全国每年繁殖量，有人报道为10万尾，实际上可能不足。根据国内主要繁殖点的情况统计为8万尾左右。要高度重视拯救与保护大鲵的种质资源，因为有"种"才有苗，不然，则会变成无源之水、无本之木。也就是说大鲵

的苗种繁育，首先要从种质资源的源头抓起，要迅速建立中国大鲵种质资源库与中国大鲵原种繁育基地，彻底解决大鲵苗种繁育的"种源"问题。

中国首座大鲵生态园日前在江西省靖安县三爪仑国家示范森林公园内开工建设。该项目总投资1500万元，占地面积80公顷，是国家农业部重点建设项目。该项目首期工程已在2008年10月完成，可形成年繁养大鲵5万尾、救护大鲵1000尾的能力。生态园集大鲵资源保护、养殖观赏、旅游休闲、文化交流及开发利用为一体，在全国开创了综合性保护开发利用大鲵资源先例。靖安县是中国大鲵资源的主要产地，是独有的"中国娃娃鱼之乡"。该县在全国第一个发布保护大鲵布告，第一个设立大鲵自然保护区，第一个建立专门的大鲵研究所，第一个人工繁育出大鲵子一代、子二代、子三代。2001年，靖安又将娃娃鱼定为县吉祥物予以保护。

中国大鲵

大鲵是我国的特有品种，分布在我国的长江、黄河及珠江中下游的山川溪流中。因其叫声像婴儿的啼哭声，故也称"娃娃鱼"。大鲵是一种很古老的动物，早在2亿多年前就非常繁盛，素有"活化石"之称。

大鲵的繁殖期是每年的5～8月。雌鲵可一次产卵300多枚，雄鲵则担当所有的孵卵任务。小鲵出生15～40天后就开始分散生活。

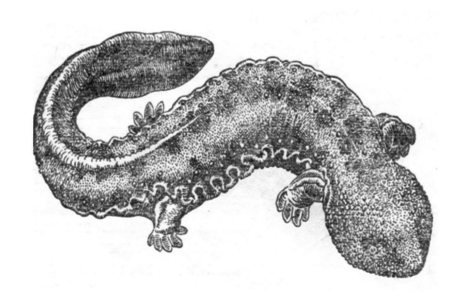

日本大鲵

    日本大鲵又称为大山椒鱼，和中国的大鲵很相似。不过，日本大鲵头部背腹面的疣粒为单枚，且大而多，尾稍短。它们喜欢生活在花岗岩或页岩地区，那里的水温低，而且山间的溪流也很清洁。

    成年的日本大鲵全长可以达到100厘米，头扁平，眼小，体侧有显著的纵行皮肤褶。

    日本大鲵的产卵季节在每年的8月底或9月初，每条卵带有卵400～600枚。胚胎发育时间为两个月，幼体5年后性成熟，在饲养情况下寿命可达130年。它们在繁殖季节由雄性筑巢，并有攻击和护卵行为。

    日本大鲵以淡水螃蟹、鱼和小型两栖动物为主要食物。

极北鲵

极北鲵在我国主要分布于黑龙江、吉林、辽宁、内蒙古东北、河南东南部，在国外主要分布于俄罗斯库页岛、堪察加半岛向西达乌拉尔山以东、蒙古北部、朝鲜及日本（北海道）。极北鲵的栖居环境潮湿，多在沼泽地的草丛下或洞穴中。

极北鲵又称水蛇子，体长为115～123毫米；头部扁平，吻端圆厚，吻棱不明显，眼睛较大；舌头也很大，几乎占去口腔的大部分；躯干呈圆柱形，肋沟有13～14条；尾巴侧扁而短；皮肤滑润为青褐色，头与背中线有黑褐色纵纹，腹面浅灰色。

极北鲵一般在黄昏时分或雨后外出觅食，以昆虫、蚯蚓、软体动物、泥鳅等为食。极北鲵一般在7月的午间躲在洞穴深处，10月开始冬眠，下一年的4月出蛰。极北鲵4～5月开始繁殖，产卵后返回陆地生活。极北鲵卵鞘袋胶质并呈圆筒形，长200～300毫米，袋内有150～200枚卵，孵化时间大约30天。

新疆北鲵

新疆北鲵，又叫水四脚蛇，是新疆唯一存活下来的有尾两栖动物，栖息于新疆温泉县境内。新疆北鲵，是天山和阿拉套山由地面抬升时幸存下来的孑遗动物，是距今3～4亿年前最原始的两栖动物

物种，在脊椎动物系统演化的研究中有不可替代的作用，在小鲵科的分类、系统演化等方面具有重要的学术研究价值，因此是极为珍贵的"活化石"。新疆北鲵栖息地极为狭窄，仅生存在新疆温泉县西部与哈萨克斯坦接壤的阿拉套山和天山局部泉涌地区，中心地带约为500平方公里，数量稀少，有捷麦克沟和苏鲁别珍两个栖息地，约存3500～4000余尾。新疆北鲵作为濒危动物早已被列入国际自然与自然资源保护联盟红皮书和前苏联红皮书。1998年，新疆北鲵被列入中国濒危

动物红皮书，濒危等级为"极危"，成为我国珍贵的种质资源，已列入国家一级保护动物行列。

生活在水里的四脚蛇

新疆北鲵的祖先生活在两亿四千年前，和侏罗纪的恐龙、翼龙生活在同一时代。后来，由于地壳上升，湖水干枯，它们被挤压在地层中，成历史上已灭绝的古生物化石。令人感到稀罕的是，居然还有一部分鲵生存了下来，而且就在新疆塔城、温泉县一带。只是随着生活环境的改变，新疆北鲵比它的祖先小了许多。四亿年前的鲵大的有40多厘米，而现代的新疆北鲵，最多不过10厘米。

新疆北鲵属两栖纲有尾目小鲵科，身长仅有6～8厘米，体重数克。它身体苗条、圆滑而细长，脑袋圆平，皮肤光滑柔软，长有四肢，外形看和四脚蛇非常相似，只是四肢短小无力，几乎撑不住身子，所以大部分时间在水中生活。

别看它长的短小，器官却比一般鱼类完善，它胸腔里长有肺，能在陆地上呼吸，属于两栖类动物。奇妙之处还在于皮肤也是它呼吸的器官，这对它长期潜藏水中非常有利。

在温泉县苏鲁别珍山中，新疆北鲵生存的环境也很有限，仅有20公顷的小溪及泉水沼泽地中有它们的踪影，穴居在水中的石块下或石洞里。偶尔爬到岸上，便靠后肢推动身体，摇头摆尾的缓慢爬行，因嫩滑的身体害怕干燥，所以很快便会回到水中。

在水中，新疆北鲵的身体便灵活多了，这时它们宽大的尾巴成了游动的动力，为了减少阻力，四肢紧紧缩在了身侧，游动的速度比在岸上爬行快多。

新疆北鲵的主要食物是水中昆虫、蠕虫、虫卵及水生植物，因体型较小，动作缓慢，不能捕捉大型食物。由于自卫能力也差，白天藏身于石缝里，晚上出来活动。

新疆北鲵和陕西鲵鱼属于同宗同种。但由于地理环境的不同，生活在北温带的鲵鱼便大些，而生活在高寒山区淡水的鲵鱼就小得多。对新疆北鲵的发现和研究是近几年的事情，原来当地牧民根本不知道它们是什么东西，叫它们"生活在水里的四脚蛇"。

新疆北鲵是新疆唯一的有尾目残留古生物，数量非常稀少。据有关资料披露，总数大约3000尾，因它既无食用价值也无药用价值，才没受人类的"关注"。但作为濒临灭亡的物种，还需要人类去保护、关爱它们，让这种"化石"鱼类，永远和人类生活在同一个地球村里。

性格温顺的巴鲵

巴鲵主要分布于中国、朝鲜和日本。在中国分布于河南商城、陕西平利、重庆巫山、四川万源、湖北神农架、堵河源、巴东、宜昌等地。

巴鲵体长约9～16厘米，背部深黑色、腹部浅褐色，全身有银白色斑点；用肺呼吸兼用皮肤呼吸；头部有点像狗头，口裂宽，有细齿两排；眼小，有眼睑；躯干浑圆，背脊线下凹；尾短而侧扁；性格比较温顺。

巴鲵幼体的犁骨齿位于内鼻孔间略呈"八"形的两列。其前端超出内鼻孔甚多；变态过程中，随着犁骨的生长，其上的犁骨齿前部向内侧弯成直角或锐角。

一部分巴鲵以陆栖为主，如小鲵属、极北鲵属和爪鲵属等，它们主要生活于潮湿的草丛、苔藓、土洞和石穴中，繁殖季节则进入溪流近源处、小溪沟、水洞内配对产卵，繁殖期后为陆栖生活；一部分巴鲵则以水栖为主，如肥鲵属、北鲵属和山溪鲵属等，多栖息于山溪内，卵产在溪流中石下，繁殖期后仍在水中或短时间上岸，不远离水源。

有明显领褶的东北小鲵

东北小鲵主要分布在我国的黑龙江、吉林、辽宁地区，生活、在海拔200～300米的群山茂密的树林、溪水长流的山沟或清水塘里。

东北小鲵的头部扁平，头长大于头宽；吻端钝圆，口裂达眼后，无唇褶，犁骨齿外枝比内枝相对较短，向后延伸不超过眼球中部，排列成"ΛΛ"形，鼻间距稍大于眼间距。颈很短，有明显的颈褶。躯干呈圆柱形，头和身体的长度要大于尾长；皮肤光滑，肋沟通常为13（12～14）条。东北小鲵有4个指，5个趾。东北小鲵的体背为灰褐色或灰白色，分布着很密的黑色或淡灰色小点。雄鲵体长为85～141毫米，雌鲵体长为86～142毫米。东北小鲵的雄性尾背鳍褶明显，雄性尾高大于雌体的尾高雄性泄孔呈"个"形；雌鲵泄殖孔呈"I"形，纵裂缝形；尾基背鳍褶不明显。

东北小鲵的繁殖地一般在静静的清水沟塘或缓流中，产卵在石下或枯枝落叶上。一般在每年3～4月产卵，产卵时雄雌互相追随。雌体先在水下的枯枝或石头上爬行，排出白色黏稠的卵鞘袋柄，然后排出两条卵鞘袋，接着雄体迅速爬上卵鞘袋，用四肢抱住卵鞘袋排精，这个卵受精过程就完成了。每对卵鞘袋有卵80枚左右。水蚤和水丝蚓是幼体的食物，成体主要以昆虫和幼虫为食。

生活有规律的大鲵

在世界现存的两栖动物中，数大鲵个头最大，一般体长在60～70厘米，最大者可达1.8米，体重达120公斤以上。它的外貌有点像鱼，但是很古怪：头大，嘴大，眼睛和鼻孔却很小，身后拖着一条侧扁的大尾巴。皮肤大多为黑色或灰色，浑身无鳞甲，但有明显的疣粒，皮肤湿润而光滑，由一层带韧性的皮，裹着细嫩的雪白的肉。

大鲵生活在山区水流湍急而清澈的溪流中。一般都居住在海拔200～1300米幽静的山涧中在山涧中，大鲵生活于水草繁茂、有回流且阴暗渗水的土窟、岩洞、石隙之中。它游泳时，四肢往往紧贴腹部，靠摆动尾部和躯体拍水前进。有时候，它会浮到水面呼吸新鲜空气，或用后肢推动身体前进，到水边湿地上爬行。

大鲵生活很有规律。春夏时节，因为它的眼睛怕光，

所以白天一般呆在洞穴里，夜晚时才出来寻找食物。在觅食时，它有守候在洞口猎食的习惯，一般不主动出击，而是张开大口，一动不动地耐心等待着猎物自投罗网。只要猎物从面前经过，便突然取而食之，故而有"娃娃鱼坐滩口，喜食自来食"的俗语。粗心大意的蛙、鱼、蛇、虾以及水生昆虫，都会成为它口中的美味。它能吃也耐饿，如果饲养在清凉的水中，就是二三年不进食也不至于饿死。每到秋末冬初气候开始寒冷不易捕食时，它就开始了冬眠生活。

大鲵的御敌本领也是绝妙无比的。它除了那密集锋利的牙齿之外，粗壮有力的四肢也会给对方以威胁。如果一旦遇上无法抗拒的劲敌时，它便用反胃的办法将胃中的残食全部吐出，引诱敌人抢食，借机逃跑。万一被敌人咬住，鳞颈部就会分泌出一种粘液，弄得敌人口舌以至全身粘粘糊糊，因十分难受而罢手。

大鲵是我国特产的一种珍稀动物，在动物学上属两栖纲有尾目。它分布于我国四川、贵州、山西、陕西、河南、湖北、湖南等省。由于它肉质鲜美，含丰富的蛋白质和人体必需的氨基酸，是一种名贵的滋补品，无愧为盘中珍肴。此外，大鲵全身均可入药，可以用它治疗痢疾、贫血等症。因此，长期被人们大量捕杀，虽然国家已把它列为二级保护动物，但是，近年来偷猎现象仍时有发生。再加上大鲵自然繁殖率很低，幼体生长缓慢，3年才长到20厘米长，体重不足100克。目前，它的数量大减，很多产区已经找不到它们的踪迹了。大鲵不仅有研究价值和观赏价值，而且是名贵的滋补品和药材。为了保护这可贵的资源，造福于子孙，除了应大力发展人工养殖之外，还应大力加以保护。

第四章
靠皮肤喝水的蝾螈

    蝾螈是有尾两栖动物，体形和蜥蜴相似，但体表没有鳞，也是良好的观赏动物，包括北螈、蝾螈、大隐鳃鲵（一种大型的水栖蝾螈）。它们大部分栖息在淡水和沼泽地区，主要是北半球的温带区域。他们靠皮肤来吸收水分，因此需要潮湿的生活环境。环境到摄氏零下以后，他们会进入冬眠状态。

蝾螈的身体特征

　　蝾螈是在侏罗纪中期演化的两栖类中的一类。目前存活的约有400种，它们一般生活在淡水和潮湿林地之中，以蜗牛、昆虫及其它小动物为食物。蝾螈是蝾螈科的一属。

　　蝾螈一般它由头、颈、躯干、四肢和尾5部分组成。体长6~15厘米霸王蝾螈体型最大，体长可达2.3米。皮肤裸露且潮湿，背部黑色或灰黑色，皮肤上分布着稍微突起的痣粒，腹部有不规则的桔红色斑块。头部扁平。蝾螈的颈部不明显，躯干较扁，四肢较发达，前

肢四指，后肢五趾，指（趾）间无蹼，尾侧扁而长。

　　蝾螈犁骨齿呈"∧"形，唇褶较显，前颌骨1枚，鼻突中间无骨缝；上颌骨和翼骨均短，二者相距远。基舌软骨有1对指状突，2对角鳃骨均骨化或仅有1对骨化，上鳃骨仅1对。幼体有平衡般，外鳃3对，羽状；尾背鳍褶始自体前部，鳍褶低而平直。

　　蝾螈都有尾巴，体形和蜥蜴相似，但体表没有鳞。它与蛙类不同，一生都长着一条长尾巴。

　　蝾螈的视觉较差，主要依靠嗅觉捕食，以蝌蚪、蛙、小鱼，孑孓、水蚤等为食。

蝾螈与众不同的繁殖

特殊的交配行为

　　蝾螈的四肢不发达，成体可分为水栖、陆栖和半水栖三类。水栖类型在水中产卵，陆栖类型在繁殖时回到水中产卵，少数种类在潮湿的陆地产卵，产卵后幼体要在水中发育成长。

　　蝾螈雄雌间的交配行为相当特殊。雄性个体会将其精液包在一个如胶囊般的精荚中，排出体外后便会在短短的时间内由雌体吸入体中，以完成交配行为；出生的卵粒如青蛙卵，在外围有如胶状物质缠裹保护，以使幼体能安然地度过发育前期。而陆栖型与水栖型的交替则发生于部分的种类，因为栖息环境的改变而造成其外型与色彩上的改变。

　　两栖动物一般是体外受精的，蝾螈很特别，它是体内受精。雄蝾螈在排精之前，不断地在雌蝾螈后面游动，用吻端触及雌蝾螈的泄殖腔孔，同时把尾向前弯曲，急速抖动。求偶成功之后，雌蝾螈随雄蝾螈而行，当雄螈排出乳白色精包（或精子团），乳白色精包沉入水底粘附在附着物上时，雌螈紧随雄螈前进，恰好使泄殖腔孔触

及精包的尖端，徐徐将精包的精子纳入泄殖腔内。精包膜遗留在附着物上。纳精后的雌螈非常活跃，尾高举与体成40～60度角，这样的状态会持续约1小时。雌螈纳精1次或数次，可多次产出受精卵，直至产卵季节终了为止。雌螈每次产卵多为1粒，产后游至水底，稍停片刻再游到水面继续产卵；一般每天产3～4粒，多者27粒，平均年产220余粒，最多可达668粒。一般这些卵经5～25天就孵出来了。即将孵出的胚胎有3对羽状外鳃和1对细长的平衡肢。

在自然界中生活的蝾螈，产卵期在3～4月，以5月份产卵最多。室内饲养的东方蝾螈，由于室温往往高于自然界温度，产卵期要提前一个月左右。在2～3月间，平均气温的在10℃以上时，大腹便便的雌蝾螈便开始产卵，4月为盛期，以后逐渐减少。雌蝾螈产卵很有意思，先是在水中选择水草的叶片，再用后肢将叶片夹拢，反复数次，最后将扁平的叶子卷成褶，并包住泄殖腔孔，静止3～5分钟，受精卵即产出，包在叶内。雌蝾螈产卵后伏到水底，休息片刻又浮上来继续产卵，一般每次仅产一枚卵。受精卵是新生命的起点，在水、氧和温度适宜的情况下，受精卵经过多次有规律的分裂，卵变成小蝌蚪。经过2～3天，蝌蚪先长出一对前肢，以后又长出后肢，经过3～4个月，幼体完成，变成蝾螈。

　　蝾螈所经历的一系列幼态发育过程称为蜕变。陆栖蝾螈在陆地产卵，幼虫的发育发生在卵内。当幼仔孵化出来后，看上去就像成年的微缩版。水栖蝾螈在水中产卵，孵化后成为像蝌蚪样的幼虫，最终它们失去鳃，有些蝾螈不产卵，可以生下完全成形的幼仔。

致命的防卫术

　　蝾螈无论在地表、树上或是地下都能用它们短短的四足十分缓慢地爬行。厉害的是，它们可以用前足或者趾尖在池塘底部泥泞不堪的表面上行走，借助摆动尾巴来加快行走速度。

　　蝾螈大多体色鲜明美丽，但它们是有毒的。它们就利用这种鲜艳夺目的颜色告诫来犯者，所以那些蠢蠢欲动的猎食动物就会敬而远之了。当蛇向蝾螈发起进攻时，蝾螈的尾巴就会分泌出一种像胶一样的物质，它们用尾巴毫不留情地猛烈抽打蛇的头部，直到蛇的嘴巴被分泌物给粘住为止。有时，就会出现一条长蛇被蝾螈的粘液给粘成一团，动弹不得的场面。

　　蝾螈极小的腺体里还含有一种致命的细菌，并且能利用这种细菌产生一种毒素，这种毒素就是河豚毒素。当蝾螈受攻击时，会立即分泌这种致命的神经毒素，让对手吃不着了兜着走。

形态各异的蝾螈

火蝾螈

　　火蝾螈分布于欧洲中部和南部的高山森林中，因为在凉爽的森林里可以找到遮荫和潮湿的栖息地。由于喜欢藏身在枯木缝隙中，当枯木被人拿来生火时，它们往往惊逃而出，有如从火焰中诞生，因此而得名。火蝾螈与大多数两栖类一样是偏向夜行性的动物，它们夜里出来，通常是在雨后去捕食像蚯蚓这类的猎物。它们在陆地上交配，雌性火蝾螈在池塘和溪流里产下幼螈。近年来，由于栖息地的丧失和其它威胁，火蝾螈总数量在下降。

泥螈

　　泥螈亦称泥小狗，因其能像小狗一样汪汪叫而得名。泥螈是最大的一类蝾螈，成体体长约20～60厘米。体色为灰色或棕色，间有

稀疏的浅黑色斑点，尾鳍呈赤黄色，头和躯干扁平，尾侧扁，腿粗短，有四趾。泥螈最容易被辨认，因为它们有三对鲜红的、浓密的外鳃，终身保留。它们分布于北美东部，栖息在湖泊、池塘、河流和溪流的底部，从来不离开水，以小动物或其它水生动物的卵为食。

斑点钝口螈

　　斑点钝口螈身上最显著的特征是明亮的黄色斑点，它们大部分时间都隐藏在阴暗、潮湿的地方。它们分布于加拿大东南部、美国东部和中西部。

研究发现斑点钝口螈的数量总体上比较稳定，但它们对生态变化很敏感。某些栖息地水的酸度增强、栖息地的丧失和宠物贸易导致斑点钝口螈的数量减少。

帝王蝾螈

帝王蝾螈是伊朗的特有物种，属于比较稀有的小型蝾螈类，其身上花纹最特别，黑白花的底色上搭配上橘色的四肢、腹部和背脊线，十分吸引人，在宠物贸易中的价位也是蝾螈中比较高的品种。近年来，帝王蝾螈在互联网上的交易频繁使其数量的下降率已经高达80%，同时，野外数量急剧减少，人工养殖难度又比较高，需要23摄氏度以下的温度才能存活，因此恐怕有灭绝的可能。国际自然保护联盟已将帝王蝾螈列入濒危物种行列。

红蝾螈

红蝾螈是一种砖红色陆栖北美蝾螈，栖息于北美东部林地。红蝾螈在水中孵化并繁殖，但在陆地上度过其生命的幼年阶段。其身上明亮的橙色或红色图案警告捕食者它们的皮肤有毒，这样当它们寻找食物时，会使天敌离得远远的。

墨西哥钝口螈

墨西哥钝口螈主要食物：蠕虫、昆虫或小鱼。墨西哥钝口螈拥有断体再生能力。平均寿命10~15年。仅分布于墨西哥的一个湖泊中，为两栖动物纲有尾目钝口螈科。墨西哥钝口螈是两栖动物很有名的"幼体成熟"种（从出生到性成熟产卵为止，均为幼体的形态）。

东方蝾螈

东方蝾螈为蝾螈科的动物，含河豚素，禁止食用及喂食。蝾螈躯体较小，泄殖腔孔隆起，孔裂缝长，内侧可看见明显的绒毛状突

073

起的是雄蝾螈。躯体较大，腹部肥大，泄殖腔孔平伏，孔裂较短，内侧没有突起的是雌蝾螈。该物种分布在中国中部及东部。

红背无肺螈

红背无肺螈因其背上的红色条纹而得名。它们只在陆地上生活，并远离池塘和溪流，不经历水生幼体阶段。最奇特的是它们没有肺，靠皮肤和口腔内膜呼吸。受到威胁时，自断尾巴从而逃避敌害。

蓝尾火腹蝾螈

它有明亮的橙色腹部，尾部呈蓝色。它们栖息于山地池塘或水田等安静水域，以及山溪中流速较缓的水域。

第五章
海洋中的老寿星

　　海龟的演化历史相当悠久，可追寻到七千五百万年前的白垩纪时期，当时海龟是肉食性的，这类海龟称为古海龟，据北美的考古化石发现，古海龟的体型相当惊人，长达3.5米，与汽车一般大小。外壳有明显的节骨状。

海洋中的"活化石"

海洋里生存着8种海龟：棱皮龟、蠵龟、玳瑁、橄榄绿鳞龟、大海龟、绿海龟、丽龟和平背海龟。所有的海龟都被列为濒危动物。

海龟的特色

古巨龟，又名帝龟属、古海龟、恐龟、拟龟或祖龟，是一属已灭绝的海龟，亦是史上最巨大的海龟。它与现今的棱皮龟相似，都是生活在大海中的龟。

最大的古巨龟化石是于20世纪70年代在美国南达科他州的皮耳页岩发现，其长度约4.1米，鳍状肢之间距离为4.9米。它的化石估计是属于7千万年前的白垩纪，当时北美洲中央是由一层较浅的海洋所覆盖。古巨龟的重量估计多于2200千克。

海龟是存在了1亿年的史前爬行动物。海龟有鳞质的外壳，尽管可以在水下待上几个小时，但还是要浮上海面调节体温和呼吸。

最大型的海龟是棱皮龟，长达2米，重达1吨。最小的是橄榄绿

鳞龟，有75厘米长，40千克重。

海龟最独特的地方就是龟壳。它可以保护海龟不受侵犯，让它们在海底自由游动。除了棱皮龟，所有的海龟都有壳。棱皮龟有一层很厚的油质皮肤在身上，呈现出5条纵棱。

与陆龟不同的是，海龟不能将它们的头部和四肢缩回到壳里。像翅膀一样的前肢主要用来推动海龟向前，而后肢就像方向舵在游动时掌控方向。

在成熟之前雄性和雌性海龟的体态是一样的。当雄性海龟成熟时，尾巴变长变厚，因为生殖器官就在尾巴底部。

不同种类海龟有不同的成熟年龄。玳瑁海龟3岁就成熟了，绿海龟在20～50岁才成熟。海龟一定要在陆地产卵，一次可以产50～200个乒乓球状的卵，但是幼海龟成活的机率只有千分之一。

海龟的耐饥性很惊人，凭着平时积下来的养分，几年不吃东西也不会饿死。海龟的经济价值很高，它的肉富含蛋白质和多种维生素，脂肪较少，有丰富的营养价值，海龟的卵也是味美且营养丰富。海龟的背腹甲是一种很好的工艺品原料。

日渐减少的海龟

　　海龟曾经是海洋中非常兴盛的一种动物，但是现在已经大大减少了，处于濒危状态。海龟锐减的原因是由于全球变暖导致的水温变化、渔民的非法捕捞、海洋污染及沿海地区的旅游开发。特别值得提到的一点是，人们在海洋中丢弃的塑料袋使海龟误认为是水母而误食，造成肠道阻塞而死亡，所以海龟的数量日益减少。

海龟产卵的地方

生活在海洋中的龟类包括龟鳖目的棱皮龟科、海龟科的各种龟，它们的四肢呈桨状，平时生活在海中，繁殖时返回陆地。生活在我国南海的海龟体长约1米，体重可达450千克，它平时生活在海洋中。到了繁殖季节，会成群结队地于夜晚爬到海岸沙滩上，用后肢掘一个大坑，把60～70枚卵产于其中，再用沙掩埋后返回海洋。卵从太阳辐射中获得能量，70～80天即可孵化，孵化后的小龟立即奔向海洋。海龟生活在海洋中，为什么要到陆地上产卵呢？

低等脊椎动物终生生活在水中，如鱼的卵就产在水中，在水中发育。海龟属爬行动物，虽然也生活在水中，但这是一种次生现象，它的祖先已经获得了在陆地上生活的能力，由于生活环境的改变而再次返回到水中。陆地生活的动物一个重要标志是必须获得陆地繁殖能力，爬行动物为适应陆地繁殖而产羊膜卵。卵具有外壳，在发育过程中产生了胚膜（羊膜、浆膜、卵黄囊、尿囊）和一些腔（腔外体腔、羊膜腔），在羊膜腔中有羊水，胚胎就位于羊水中，即卵的内部就有了水环境，胚胎在发育过程中，通过卵壳进行气体交换完成呼吸作用。海龟也产羊膜卵，如果它把卵产在水中，卵在发育时会由于不能和溶解在水中的氧气进行气体交换，导致胚胎窒息死亡。

因此，在繁殖时，海龟就历尽艰辛返回到陆地上去产卵。

海龟为什么在岸上会流泪

　　大多数的海龟生存在比较浅的沿海水域、海湾、泻湖、珊瑚礁和流入大海的河口。我们通常在世界各地温暖舒适的海域发现海龟。不同种类和同一种类内部不同群体的海龟有着各自的迁徙习惯。一些海龟游到几公里远的地方筑巢并喂养幼龟。而棱皮龟迁徙得最远，它们要到5000公里远的海滩筑巢。而黑龟则喜欢在它们分布区的最南端和最北端繁殖和喂养幼龟。海龟没有牙齿，但是它们的喙却非常锐利，不同种类有不同的饮食习惯。海龟分为草食、肉食和杂食。

　　红头龟和鳞龟有颚，可以磨碎螃蟹、一些软体动物、水母和珊瑚。而玳瑁海龟的上喙钩曲似鹰嘴，可以从珊瑚缝隙中找出海绵、小虾和乌贼。绿龟和黑龟的颚呈锯齿状，主要以海草和藻类为食。

　　海龟在吃水草的同时也吞下海水，摄取了大量的盐。在海龟泪腺旁的一些特殊腺体会排出这些盐，造成海龟在岸上的"流泪"现象。

海龟

海龟是海洋龟类的总称，是龟鳖目海龟科的一种，因脂肪呈绿色，又称绿色龟，广布于大西洋、太平洋和印度洋。全世界被发现的海龟有7种，主要分布在西沙群岛和广东省惠东县港口，在海南省生活的海龟就有5种。中国海记录的海龟有棱皮龟、绿海龟、蠵龟、玳瑁和丽龟等5种，都是国家级保护动物。

海龟是现今海洋世界中躯体最大的爬行动物，体长一般在1米左右，其中个体最大的要算是棱皮龟了，它最大体长可达2.5米，体重约1000千克，堪称海龟之王。海龟的四肢呈鳍状。

绿海龟生活在海洋中。它们的壳很平滑，呈流线型，通过摆动前肢来推动身体前行。繁殖期间，绿海龟要游数千千米的路程，爬上海岸，将卵产在海滩上，然后回到海中。

海龟每年都做定向洄游，从不迷失方向，就连没有出过门的幼龟也能沿着母龟走过的老路游泳。至于海龟为什么有这个生理现象，目前还没有合理的解释，科学家们正在探索这一奥妙。每年4～6月间是海龟的繁殖旺季，成群结队的海龟从千里之外回到故乡小岛上产卵，每次能产100～200枚，产完卵后把这些卵埋起来，借阳光的温度孵化。2个多月后，小海龟就破壳而出，爬向大海。

另外一个值得惊奇的地方是，母龟能将雄龟的精液贮存4年之久，以致在今后的几年内不再交配也可以产下受精卵，这种本领在动物界是少有的。

海龟的祖先远在2亿多年以前就出现在地球上了。古老的海龟和不可一世的恐龙一同经历了一个繁荣昌盛的时期。后来地球几经沧桑巨变，恐龙相继灭绝，海龟也开始衰落。但是，海龟凭借那坚硬的背甲所构成的龟壳保护战胜了大自然给它们带来的无数次厄运，顽强地生存下来。海龟步履艰难地走过了2亿多年的漫长历史征程，依然一代又一代地生存和繁衍下来，可谓是名副其实的古老、顽强而珍贵的动物。

另外，海龟还可以说是自然界的老寿星，据《世界吉尼斯纪录大全》记载，海龟的寿命最长可达152年。

鳖——性情凶暴的家伙

鳖属爬行纲、龟鳖目、鳖科。这类动物很能适应水中的生活，指（趾）间的蹼很发达，在水中动作很敏捷，而且游得飞快。

目前所知，鳖中包括亚种约有32种，在东南亚或非洲有甲壳长达60～90厘米的大型种。

鳖甲壳十分扁平，背甲表面的角质没有鳞板，甲壳的上骨板被一层皮革质的皮肤覆盖着，这层皮肤非常柔软。背甲和腹甲之间以韧带相连接。下颌看起来很柔软，但却极有力量，可以轻易地将贝类咬碎。前肢与后肢各有三趾，有爪。它们白天多潜在水底的泥沙中，有时会伸出长长的脖颈，将管状的吻部伸出水面去呼吸，但大多数种类是利用甲壳的褶状皮肤或泄殖腔附近的皮肤呼吸。

也有一种两爪鳖，这种鳖也属鳖科，但比较特殊，其身体构造介乎于龟类和鳖类之间。前肢呈海

第五章 海洋中的老寿星

龟般的桨形，对于水中生活尤其适应；甲壳也没有鳞板，但是却拥有其他鳖所没有的缘骨板；爪只有两个。它可以用鼻子呼吸，也可以通过皮肤或肠呼吸。两爪鳖分布在澳洲北部和新几内亚南部的河流中。

鳖可不是个素食主义者，在水中主要捕食贝类、蛙类、鳌虾、小鱼以及各种水生昆虫等。

它性情很凶暴，当有东西靠近它时，会马上咬向对方，如果遇到袭击，更是立刻作出反应，采取主动攻势咬向袭击者。

爬行动物中的寿星——龟类

龟是爬行动物中最长寿的，它们身上都背着一个又厚又硬的甲壳，爬起来非常缓慢。龟身上最灵活的部位就要数它们的脖子了，因为要经常伸在外面寻找食物。龟是长寿的象征，最长寿的龟可以活三百多年，所以称它们"寿星"一点儿都不为过。

那么，龟的寿命为什么如此长呢？据科学家研究发现，寿命较长的龟的细胞繁殖代数普遍较多，而寿命不太长的龟的细胞繁殖代数普遍较少。龟的细胞繁殖代数的多少同龟的寿命长短是密切相关的。龟的长寿同它们行动迟缓、新陈代谢较慢和具有耐饥耐旱的生理机能也有很大的关系。

根据动物学家与养龟专家的观察和研究，个头大且吃素的龟要比个头小、吃肉或杂食的龟寿命长。比如，生活在太平洋和印度洋热带岛屿上的象龟是世界上最大的陆生龟，它们以青草、野果和仙人掌为食，寿命可达300岁。但不可能所有的龟都"长命百岁"，因为在它们的一生中，疾病和敌害时刻都在威胁着它们。

陆龟

陆龟是一种常见的爬行动物，它们行动迟缓、性情温和，属食草动物。淡水龟大多生活在河流、湖泊、沼泽等淡水水域，世界上的龟类大约有两百种，它们的脚一般都长着蹼和爪。

加拉帕戈斯巨龟是陆龟中的"巨无霸"，体重可达385千克。一切植物都是它们的美食。在食物匮乏的时候，它们甚至能吃仙人掌（包括仙人掌上的针刺）。有些巨龟的甲壳前部能向上翘起，可以向上伸长脖子吃高处的植物叶子。

缅甸陆龟主要分布于东南亚热带与亚热带的山地、丘陵地区。缅甸陆龟是一种体形较大的陆龟，体长达20厘米。缅甸陆龟很怕冷，对温度的变化非常敏感，经常在沙土上爬行，喜欢在夜间活动。

四爪陆龟只生活在中国新疆霍域地区，数量仅剩一千只左右。阴天或夜晚时它们隐藏在洞穴中，晴天的白天才出来活动。四爪陆龟喜欢吃植物的果肉，喜欢饮用大量的淡水，每次饮水它们都会发出"咯咯"的声音。

豹斑龟多数栖息在印度和斯里兰卡。它们的甲壳非常漂亮，每一个甲片都向外凹凸，中心呈黄色，并向周围发散开来，这便形成了豹斑龟在草地上的良好伪装。豹斑龟的爬行速度很慢，平均每小时向前行进两百米左右。

凹甲陆龟是生活在热带及亚热带的陆生龟类，一般生活在干旱地带，尤其是地势较高的丘陵和斜坡上。凹甲陆龟的背甲前后缘上翘且呈锯齿状，后缘更加明显。凹甲陆龟非常胆小，每当遇到危险时就把头缩进硬壳中。

海龟的身体是扁平的，四肢成鳍状，长长的前肢像船桨一样，这有利于海龟在水中游动。

乌龟端午探亲

1980年9月的一天，湖北省监利县尺八镇中洲乡王墩村的徐先平，与内弟在屋后小河里捉到一只大乌龟。他用小刀在龟背上刻下自己的名字，又打孔穿上4只铜环，第二天，便将乌龟送入洞庭湖。

1981年农历四月二十八晚上，这只乌龟竟风尘仆仆地回来了。主人留它住了一段时间，又送入洞庭湖。

1982年农历五月初五端午节，乌龟又回来"探亲"了。1984年农历五月初二，乌龟回来后找错了地方，钻到徐先平邻居家床下。到1987年农历五月初一，这只乌龟第八次到徐家"探亲"。这引起人们极大的兴趣。

这头乌龟，体重近2千克，并不小。从洞庭湖到徐家有几十里路，并不近。乌龟不但能爬回来，并且避免了途中可能发生的各种危险。这是怎么回事？乌龟不是偶而回到徐家，而是年年"探亲"，这是怎么回事？乌龟不是随便什么时候都回"家"的，每次都在端午节之前，这又是怎么回事？谁能说出其中的原因呢？

珍贵的玳瑁

玳瑁是一种个体较小的海龟，别名十三鳞、瑇瑁、文甲、千年龟等，是亚洲东南部和印度洋等热带或亚热亚海洋中最珍贵的动物，长约半米多。玳瑁布我国主要分布在台湾、广东及海南沿海，属于国家二级保护动物。玳瑁在海洋中算是较大型而凶猛的动物之一。玳瑁性情凶暴，以鱼类、甲壳类、软体动物和海藻为食。

玳瑁生活于暖水性海洋，每年夏季繁殖，在沙滩上挖坑，白昼产卵，每次产卵130~200枚。依靠自然界的温度孵化，孵化期约为49~60天。玳瑁，体长大者可达100厘米，体重50千克左右，背甲共有13块，作覆瓦状排列。缘甲的边缘有锯齿状突起，尾短，前后肢各具2爪。头、尾和四肢均可缩入壳内。背甲和头顶鳞片为红棕色和黑色相间。背甲平滑而有光泽。颈及四肢背面为黑色，腹面几为白色。

玳瑁是一种非常有灵性的生物，真玳瑁在强光照射下可见透明的血丝状花纹深入甲片内，或许是它本身所具有的，或许是别人赋予的。有关玳瑁的传说很多，很多都是玳瑁救人的故事等等。人们在敬重它的同时又太想拥有它，于是在悄无声息中伤害了它。由于玳瑁一般生活在深海里，不太容易捕捞，并且玳瑁已被列为国家重点保护动物，严禁捕捞。但有时渔民会在无意间捕捞到它们，如果有幸捕捞到玳瑁，他们会悄悄地把它带回家，并喊来全村的男女老少。先做一番祭祀，然后用一个大盆把玳瑁罩在下面，之后开始敲锣打鼓，甚至在大盆外面用力敲打。玳瑁在盆下面惊慌失措，剧烈奔跑，几乎全身的血液都拥到鳞片上，这时渔民就在惊魂未定的玳瑁身上剥取鳞片。他们这样做的目的是想得到优质珍贵的玳瑁鳞片。当然他们剥完后也给玳瑁伤口用盐水消毒，然后放归大海。渔民既爱它们也在不择手段地获取它们。但他们不会太贪心，他们知道如果剥了超过两片鳞片的玳瑁恐怕放归大海后也会因为失血过多而死。而这样剥下来的鳞片就可以作为自家的传家之宝了，几乎所有的渔村小孩都佩带了玳瑁饰物。由于佩带时间久了，玳瑁也因此有了人的灵气。一般情况下，自己的玳瑁饰物从戴上的那天起就不再取下，如果换人戴了，它就不再有灵气。据说，有了灵气的玳瑁饰物，它的鳞片上的血色状花纹会随着主人心情的变化而呈现出鲜红或暗红色，这说明玳瑁的确是很有灵气的。

第六章

蟾蜍不可貌相

　　蟾蜍，也叫蛤蟆。两栖动物，体表有许多疙瘩，内有毒腺，俗称癞蛤蟆、癞刺。在我国分为中华大蟾蜍和黑眶蟾蜍两种。从它身上提取的蟾酥以及蟾衣是我国紧缺的药材。蟾蜍生活在池塘泽中，背部有黑点，体小，善跳起，吃百虫，发出"呷呷"的鸣声。

蟾蜍的家遍天下

蟾蜍一般是指蟾蜍科的300多种蟾蜍，它们分属26个属。主要分布在除了马达加斯加、波利尼西亚和两极以外的世界各地区（澳大利亚原来无蟾蜍，后来从其他地区引进了蟾蜍，但繁殖太快，并且有毒，因此成为了澳大利亚目前最为严重的问题之一）。

蟾蜍在我国各地均有分布。蟾蜍多行动缓慢笨拙，不善游泳，多数时间作匍匐爬行，但在有危险的时候也会小步短距离小跳（也

有例外，如蟾蜍类中的雨蛙科、树蛙科、丛蛙科比蛙类还善跳而且灵活，滑趾蟾蜍类则可以像蛙类一样跳跃)。

  蟾蜍是无尾目、蟾蜍科动物的总称。最常见的蟾蜍是大蟾蜍，俗称癞蛤蟆。蟾蜍皮肤粗糙，背面长满了大大小小的疙瘩，这是皮脂腺。其中最大的一对是位于头侧鼓膜上方的耳后腺。这些腺体分泌的白色毒液，是制作蟾酥的原料。

  白天，大蟾蜍多隐蔽在阴暗的地方，如石下、土洞内或草丛中。傍晚，在池塘、沟沿、河岸、田边、菜园、路边或房屋周围等处活动，尤其雨后常集中于干燥地方捕食各种害虫。大蟾蜍冬季多潜伏在水底淤泥里或烂草里，也有在陆上泥土里越冬的。

蟾蜍是捕虫高手

　　蟾蜍品种很多，它们是脊椎动物由水生向陆生过渡的中间类型。这种动物常被人们看不起，不少人认为蟾蜍丑陋无比，十分令人讨厌，但它却是捕虫能手，是守卫农田的好卫士。

　　蟾蜍容颜丑陋，不时地在田埂道边钻来爬去。蟾蜍的食物主要是昆虫，其中小型昆虫有粘虫、蚂蚁、蚜虫、蚊虫、蝽象、金龟子、象鼻虫、小地老虎、甲虫等；大型昆虫如蝼蛄、大青叶蝉等。

　　蟾蜍行动笨拙，不善游泳，由于后肢较短，只能做短距离的、一般不超过20厘米的跳动。常见的蟾蜍只不过拳头大小，可是在南美热带地区，却生活着世界上最大的蟾蜍，最大的个体长约25厘米，为蟾中之王。

　　蟾蜍喜欢在早晨和黄昏或暴雨过后，出现在道旁或草地上。如被人们用脚碰一下，它会立即装死躺着一动不动。它的皮肤较厚，具有防止体内水分过度蒸发和散失的作用，所以能长久居住在陆地上而不用到水里去。每当冬季到来，它便潜入淤泥内，用发达的后肢掘土，在淤泥内冬眠。

　　一只雌蟾蜍每年产卵38000枚左右，是两栖动物中产卵最多的一种。但有趣的是，它的蝌蚪却很小，仅1厘米长。蟾蜍不仅能巧妙地

捕食各种害虫，也能很好地保护自己。它满身的疙瘩能分泌出一种有毒的液体，凡吃它的动物，一口咬上，马上便会产生火辣辣的感觉，不得不将它吐出来。

蟾蜍虽然样子很难看，但是从民俗文化的角度讲，却被赋予了很多涵义。比如民间传说月中有蟾蜍，故把月宫称作蟾宫。诗人写道："鲛室影寒珠有泪，蟾宫风散桂飘香"。

那么古人为什么要把月亮与蟾蜍联系起来呢？现代有学者认为可能有两种原因，一种是观察与联想所致，因为月亮晚上才能看见，蟾蜍也是在夜间活动，而且月中有黑影形似蟾蜍，所以很容易联系在一起而成为神话传说。另一种是图腾崇拜的反映，上古时代蟾蜍很可能曾是某些氏族或部族崇拜的图腾象征，考古发现在这方面就有相当多的证明。

蟾蜍在民间也被誉为幸福的象征，比如在民间曾经流传过刘海戏金蟾的神话故事。相传憨厚的刘海在仙人的指点下，得到一枚金光闪闪的钱币。后来刘海就用这枚金钱引出了井里的金蟾，得到了幸福。

不论是神话中的蟾蜍，还是现实生活中的蟾蜍，都确确实实与人类有密切的关系，为人类做了很多好事。蟾蜍是农作物害虫的天敌，据科学家们观察研究，在消灭农作物害虫方面，它要胜过漂亮的青蛙，它一天一夜之中吃掉的害虫要比青蛙多好几倍。

蟾蜍在入药方面也比青蛙高出一筹，人们利用最多的就是蟾酥和蟾衣了。我国第一部药学专著《神农本草经》就记有蟾蜍的性味（中药性质和滋味）、归经（药物治病的适应范围）和主治等方面内容。

蟾蜍的耳后腺分泌的白色浆液，采集起来就叫蟾酥，是珍贵的中药材。蟾酥内含多种生物成分，有解毒、消肿、止痛等功效。现代医学家还发现蟾酥具有其他药物不可比拟的强心、利尿、抗癌、麻醉、抗辐射、增加白血球等新用途。

　　蟾衣别名蟾壳、蟾蜕。即蟾蜍自行脱下的表皮。通常一只蟾蜍一年可脱10～40张皮，因南北气候不同、环境不一而有差异。蟾衣是一种珍贵的药材。具有清热解毒、消肿止痛、镇静、利尿的作用，在民间千百年来一直作为一味中药应用于临床，有治"百病"的传说。

　　蟾蜍不仅体形大，胃口也特别好，它常活动在成片的甘蔗田里，捕食各种害虫。因此，世界上许多产糖地区都把它请去与甘蔗的敌害作战，并取得了良好成绩。蟾蜍的足迹遍及西印度群岛、夏威夷群岛、菲律宾群岛、新几内亚、澳大利亚以及其他热带地区，每年为人类保护着相当于十亿美元的财富。

蟾蜍——笨拙的机灵鬼

蟾蜍看起来既丑陋又令人恶心，所以人们给它们起了个别称叫"癞蛤蟆"，可如果深入了解一下的话，你会觉得它们非常可爱。

"干"伏"湿"出

蟾蜍喜隐蔽于泥穴、潮湿石下、草丛内、水沟边。蟾蜍皮肤易

失水分，故白天多潜伏隐蔽，黄昏及夜晚出来活动。蟾蜍可以依靠肺和皮肤进行呼吸，它们需要经常保持皮肤的湿润状态，以便于空气中的氧气

溶于皮肤黏液进入血液，所以，在空气湿度大或下雨时，它们会一反常态地在白天出来活动。

看起来很笨

在白天，你很少能看到蟾蜍的身影。这时的它常常潜伏在隐蔽的草丛和农作物间，或躲在湿润的石块下、土洞中。到了黄昏，它们才活跃起来，现身于路旁的草地上慢慢地爬行，寻找食物。它们大多行动缓慢，就算到了水中也不灵活，即使是遇到了危险，顶多也只能进行短距离的小跳。

我很聪明，只是低调

蟾蜍大多时候看起来都笨笨的，游泳速度很慢，跳不太高，蹦不太远。可有时候它们却十分灵活机敏。青蛙只会跳跃，只有在保持蹲坐的静止姿态时，才会注意到飞行的昆虫，为人类除害。而蟾蜍即使在爬行时，也可以捕食到那些一动不动的虫子，由此可见，"癞蛤蟆"其实一点也不赖，是厉害的除害高手呢。

蟾蜍在野外不能及时躲开人的话，便会倒在地上装死，即使被你的脚碰疼了，也一动不动。如果你遇到这种情况的话，不妨蹲下来观察一下，但请别伤害这个除虫高手。

毒液威名扬

癫蛤蟆的"癫"可谓是个谜，很多人认为一旦碰了癫蛤蟆，皮肤就会变得和它们一样。为了不让癫蛤蟆"赖"上自己，便对它们敬而远之。这个"癫"其实指的是蟾蜍身上疙瘩状的凸起，这些凸起确实会分泌出毒液。这种毒液对其敌人可能会有一定的威胁，但是对于人类完全没有影响，而且其毒液干燥后形成的蟾酥还可入药呢。

蟾蜍的种类

世界上的蟾蜍种类繁多，按照生物学的划分，有滑跖蟾科、盘舌蟾科、负子蟾科、异舌蟾科、锄足蟾科、合附蟾科、细趾蟾科、龟蟾科、塞舌蛙科和沼蟾科十类。

滑跖蟾科被认为是最原始的无尾目，包括新西兰的滑跖蟾和北美洲的尾蟾。滑跖蟾生活在近水的潮湿地区，产卵于潮湿的地面上，当卵孵出的时候，卵已经完成变态，形如有尾的小蛙，在成蛙的背上。尾蟾生活在寒冷的山区激流中，雄性尾蟾身后有形如短尾的交接器。蝌蚪嘴上长有吸盘，这样不会被激流冲走。

盘舌蟾科的蟾的舌头为圆盘状而不能伸出，包括铃蟾和盘舌蟾。

负子蟾科包括南美洲的负子蟾和非洲的3属爪蟾。负子蟾在繁殖的时候，将卵放在背上的小囊中进行孵化，卵完成变态或接近完成变态时离开母体。负子蟾科的成员完全是水生栖，后肢强劲有力并且有发达的蹼，前肢纤细无力而无蹼，没有舌头。

异舌蟾科仅以墨西哥的异舌穴蟾为代表。异舌穴蟾在地下挖洞生活，当遇到危险时将身体膨胀成球状，以此来摆脱危险。

锄足蟾科包括锄足蟾亚科和角蟾亚科，锄足蟾亚科适合挖洞穴居，角蟾亚科多生活在山区。有的生活在海拔很高的地区，靠近水域栖息。

合附蟾科分布在西欧和高加索地区，合附蟾在陆地上生活，不挖洞穴居住，外形和典型的蛙类非常接近。

细趾蟾科是两栖动物中最大的一科，包括外形与蛙和蟾蜍相似的种类。细趾蟾科的众多成员有不同的生活方式，它们的相貌也各不相同，有的像蛙，有的像蟾蜍，有的树栖（和雨蛙很相似），还有的进行穴居。

龟蟾科分布于大洋洲，它们的成员中有的像蛙，有的像蟾蜍，也有不少是穴居的。

塞舌蛙科是小型的陆栖蛙类，卵产于陆地上，卵直接孵化成小蛙，或者将蝌蚪背在背上直到变态成小蛙，而这些附在背上的蝌蚪，没有嘴，不进食。

沼蟾科分布于非洲最南部开普敦一带的山地急流中，成体的沼蟾趾端有吸盘，其蝌蚪的吸盘长在嘴上，吸盘可以附在岩石上，以免被激流冲走。

史前的三燕丽蟾

三燕丽蟾是一种原始的无尾两栖动物，生存于距今约1.25亿年前。

三燕丽蟾的骨骼形态已经与现在的无尾两栖动物十分相近，它具有发育的髂骨和伸长的后肢，这表明它已经具有相当的跳跃能力。它的上颌边缘长满了细细的梳状排列的牙齿，这一特征说明三燕丽蟾的舌部捕食机能及身体的运动能力可能还不够强，牙齿在辅助捕食中具有比较重要的作用。

三燕丽蟾不仅时代早，而且化石保存得十分精美，这在蛙类化石中极其罕见。因为蛙类大多生活在温暖潮湿的环境中，同时骨骼又细又弱，所以很难保存为化石。过去我国仅发现了山东临朐的玄武蛙（距今约1600万年前）和山西武乡的榆社蛙（距今约500万年前）等两三块较完整的新生代蛙化石。

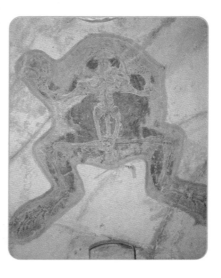

无处不在的大蟾蜍

大蟾蜍是一种最常见的蟾蜍，俗称癞蛤蟆。它们的皮肤粗糙，背面长满了大大小小的疙瘩，这是皮脂腺。其中最大的一对是位于头侧鼓膜上方的耳后腺。这些腺体分泌的白色毒液，是制作蟾酥的原料。

大蟾蜍在全国各地均有分布。从春末至秋末，它们白天多潜伏

在草丛和农作物间，或在住宅四周及旱地的石块下、土洞中，黄昏时常在路旁、草地上爬行觅食。它们多行动缓慢笨拙，不善游泳，多数时间作匍匐爬行，但在有危险的时候也会小步短距离小跳。

　　白天，大蟾蜍多隐蔽在阴暗的地方，如石下、土洞内或草丛中。傍晚，大蟾蜍则在池塘、沟沿、河岸、田边、菜园、路边或房屋周围等处活动，尤其雨后常集中于干燥地方捕食各种害虫。大蟾蜍冬季多潜伏在水底淤泥里或烂草里，也有在陆上泥土里越冬的。

花背蟾蜍

花背蟾蜍分布在我国的黑龙江、吉林、辽宁、内蒙古、青海、甘肃、宁夏、陕西、山西、河北和山东等地。

花背蟾蜍体长平均6厘米左右，雌性最大者可达8厘米；头宽大于头长；吻端圆，吻棱显著，颊部向外侧倾斜；鼻间距略小于眼间距，上眼睑宽，略大于眼间距，鼓膜显著，椭圆形。花背蟾蜍的前

肢粗短，指细短，关节下瘤不成对；外掌突大而圆，深棕色，内掌小色浅。后肢短，胫跗关节前达肩或肩后端，左右跟部不相遇，足比胫长，趾短，趾端黑色或深棕色；

趾侧均有缘膜，基部相连成半蹼；关节下瘤小而清晰，内跖突较大色深，外跖突很小色浅。

雄性花背蟾蜍的皮肤粗糙，头部、上眼睑及背面密布大小不等的疣粒。雌性疣粒较少，耳后腺大而扁，四肢及腹部较平滑。

雄性花背蟾蜍的背面多呈橄榄黄色，有不规则的花斑，疣粒上有红点；雌性花背蟾蜍的背面浅绿色，花斑酱色，疣粒上也有红点；头后背正中常有浅绿色脊线，上颌缘及四肢有深棕色纹。两性腹面均为乳白色，一般无斑点，少数有黑色分散的小斑点。

花背蟾蜍白天时多匿居于草石下或土洞内，黄昏时则出外寻食。它们冬季成群穴居在沙土中。

107

黑眶蟾蜍

　　黑眶蟾蜍广泛分布在平地及低海拔地区，是最乐于和人类相处的两栖动物，它们常出现在住宅附近、稻田、空地等处。

　　黑眶蟾蜍的眼睛周围有一圈黑色突起，好像带黑眶眼镜，所以称之为黑眶蟾蜍。它们的脚趾末端呈黑色，像是擦了黑色指甲油。身体肥胖，大小约6～7厘米。体色变异颇大，有黄棕色、黑褐色及灰黑色，有些具有不规则的棕红色花斑。黑眶蟾蜍的皮肤粗糙，除

头顶外全身布满粗糙大小不等的疣粒，疣上都有黑棕色的角质刺。其鼓膜大而显著，在眼后有一对特别大的突起腺体，这是耳后腺，也就是它们有名的毒腺。

在春夏夜晚，我们很容易在平地长有水生植物的水池内听到它们一串快速的"咯咯咯咯咯咯……"的叫声，一口气可以连续鸣叫一分钟以上；尤其是当雄蟾蜍碰到雌蟾蜍的时候，叫声会变得更加急促。但是当雄蟾蜍被其他雄蟾蜍抱错的时候，叫声则变成短促而尖锐的"嘎嘎"的叫声，好像在警告对方不要碰它。

成体黑眶蟾蜍对环境的适应力很好，在遮蔽性比较好的水池，例如荷花池，不到百平方米的水池可能聚有上百只黑眶蟾蜍。由于每晚出现的雌蟾数目不多，雄性之间的竞争很激烈，也会出现五六只雄蟾同时抱一只雌蟾的现象。雌蟾每次产卵数千颗，成双地排列于长形胶质卵串中，一长串可长达8米以上。黑眶蟾蜍在蝌蚪时期有毒，身体菱形成棕黑色，尾鳍色浅散有细纹。

灭绝的金蟾蜍

　　环眼蟾蜍，是美洲蟾蜍的一种，它们曾经栖息于哥斯达黎加蒙特维多云雾森林中一片狭小的热带雨林地带，其雄性个体全身呈金黄色，因此也被称作金蟾蜍。

　　成年雄金蟾蜍体长为3.9～4.8厘米，全身为金黄色，皮肤光泽明亮，与普通蟾蜍有很大不同；雌金蟾蜍个头略大，体长为4.2～5.6厘米，外形与雄金蟾蜍有很大不同，皮肤为黑底伴有深红色大型斑块并镶有黄边。

金蟾蜍主要生活在地下，仅在交配季节现身到雨林中来。交配季节一般在干燥季节过后，降水略有升高的4月份，持续数周的时间。此时，雄蟾蜍会大量聚集在地面上的水洼中，等待雌蟾蜍的到来，雄蟾蜍会相互争斗以获得交配的机会，直到交配季节的结束，此后，雄蟾蜍会重新隐蔽到地下，雌蟾蜍会将卵产在季节性的水洼中，每次产卵平均228只。两个月后卵会自动孵化成为蝌蚪。

金蟾蜍于1966年由爬虫学者杰伊·萨维奇发现并正式命名，1989年以后，金蟾蜍再没有被发现。

中国树蟾

　　中国树蟾的身材细长，吻端平直向下，头宽大于头长。鼓膜圆而清晰。从吻端经眼睛、鼓膜到肩上方有一条深棕色眼罩。颞褶斜直明显。背部草绿色，皮肤光滑。

　　中国树蟾的体侧白色略带黄色，散布一些大小不一的黑色斑点。它们的腹部为白色，密布扁平疣。它们前肢的背面为绿色，指端有吸盘及横沟，指间有微蹼，掌部有小疣粒，后肢背面为绿色，股部内侧为黄色，有一些小黑点，趾端也有吸盘，趾间有半蹼。内跖突卵圆形，无外跖突。

蛙与蟾蜍的故事

两栖动物顾名思义就是指那些既可以在水中生活，又可以在陆地上生活的动物。它们幼时生活在水中，用腮呼吸，长大时可以生活在陆地上，用肺和皮肤呼吸，体温随着气温的高低而变化。其中蛙和蟾蜍就是典型代表，用各自独特的"歌声"诉说着自己的故事。

蛙和蟾蜍的数量大约占所有两栖动物总数的90％。它们身体短

小，后腿有力，而且没有尾巴。蛙是一个跳跃天才，它们通常跳跃前进，并且跳得很高。蟾蜍一般是爬行前进，大多数生活在陆地上。

蛙的身型十分适合跳跃，后腿长而有力，能跳得很高；前腿较短，在落地时起到缓冲作用。

雄性蛙和雄性蟾蜍一般以"优美的歌声"来吸引异性。它们的"曲调"也各不相同，有的"呱呱"叫，有的"吱吱"叫，有的甚至发出啸叫声，还有的鼓起喉囊，令叫声更响亮。

雌蟾蜍产下一串卵后，雄蟾蜍便会把它们缠在自己的后腿和背上，以此来保护卵的安全。雄蟾蜍还经常把卵放入水中，使它们保持湿润。在卵孵化之前，雄蟾蜍会一直保护着它们。

下面就介绍几种特殊的蛙和蟾蜍

树蛙的一生基本上是在树上度过的。树蛙细长的脚趾上有趾垫，具有吸盘功能。雌树蛙将卵产在悬垂在池塘边的大树叶上，蝌蚪孵出以后，便会掉入水中，长成成体后再爬上树。

牛蛙是北美洲最大的蛙类，它们常常生活在湖泊和长满水草的浅滩上。牛蛙的食物种类很多，只要是它能吞得下的食物，就绝不会放过。它们主要在夜间捕食鱼、小型乌龟、老鼠，甚至小鸟。

在亚洲和中美洲，生活着一些长有宽大蹼足的蛙，蹼足完全伸展后可以使蛙从一棵树上飞到另一棵树上，以逃避敌人，这一跳可达15米以上。

角蛙长着一张宽大的嘴巴和两只向外突出的眼睛，眼睛上方长了一个角状突起，用来保护眼睛。角蛙经常将自己埋在泥土中，瞪着两只大眼睛，安静地等待猎物闯入自己的视线。一旦发现目标，它便迅速跳出泥土，将猎物一口吞下。

绿蟾身上布满了块状的亮绿色图案，其余部分则呈淡褐色，它看上去就像穿了一件迷彩服，这身"迷彩服"能在它们活动时起到很好的伪装效果。在气候温暖的地方，绿蟾常常会居住在房屋附近，有时会聚在灯下捕食喜光的昆虫。

　　欧洲黄条蟾总是生活在近海的沙质地区。黄条蟾的背上有一条鲜明的黄色条纹，非常容易辨认。它们的叫声像一台轰鸣的机器，异常响亮。虽然它们每次鸣叫只持续几秒钟，但在2000米以外的地方都能听到。

115

青蛙和蟾蜍比跳远

青蛙有一张大嘴巴，还有一条长长的、分叉的舌头。夏天到了，你听到过青蛙叫吗？青蛙的叫声很响亮，就像是在进行歌唱比赛。青蛙长着四条腿，既可以在地上跳远，也可以在水里游泳。

　　如果让青蛙和蟾蜍一起参加跳远比赛，谁会跳得更远呢？通常而言，青蛙类后腿发达，一跳就可以跳很远。蟾蜍则是以爬行为主，即使是遇到敌人的侵害，它也只能进行小步、短距离的小跳。

它们很像吗?

青蛙只有肚皮是白色的,头部、背部都是黄绿色,上面还有一些黑褐色的斑纹。青蛙为什么呈绿色?原来青蛙的绿衣裳是一个很好的伪装,它在草丛中几乎和青草的颜色一模一样,可以保护自己不被敌人侵害。

春天,青蛙在水草上产卵,卵逐渐地变成蝌蚪。蝌蚪的身体是圆圆的、黑色的,有一条长尾巴,蝌蚪一天天长大,先长出后腿,

再长出前腿，尾巴慢慢地退化缩短，最后就变成了青蛙。

蟾蜍是青蛙的近亲，但是因为蟾蜍的身上长满了疙瘩，因此很多人都觉得它很恶心，把它称为"癞蛤蟆"。蟾蜍的长相虽然不好看，但它却是一种对人类有益的动物。虽然它动作迟缓，但性情温和。白天，蟾蜍经常躲在洞穴或草丛里；只有到了晚上才出来捕食。蟾蜍的嘴巴又大又宽，舌头和青蛙一样灵敏，只要在它捕食范围内的害虫，基本上都逃不出蟾蜍的手心。

那么，蟾蜍的身上为什么长满了疙瘩呢？这也是它的一种自我保护方法。

蟾蜍趴在地上和泥土的颜色没有区别，可以逃避敌人的侵害。蟾蜍身上的疙瘩还可以分泌黏液，既可以保持皮肤的湿润，还能分泌乳白色的浆液。蟾蜍分泌的浆液有毒，是它的防身秘密武器，连黄鼠狼也怕它三分。

那么，蟾蜍大多生活在什么样的环境中呢？白天的时候，蟾蜍大多隐蔽在阴暗的地方，例如石下、土洞中、草丛间等等；傍晚的时候，它们会在池塘、沟沿、河岸、田地等处活动，有时候还会出现在我们的房屋周围呢？

如何区分开青蛙和蟾蜍呢？

知道如何区分青蛙和蟾蜍吗？下面就告诉朋友们几个区分它们的窍门：

首先，我们可以从它们的皮肤上来区分：青蛙从眼的后方直至

119

后肢的基部有两条纵行的皱褶，呈金黄色或浅棕色。中央有一条浅色纵纹。后肢上有很多横列的黑色斑纹。青蛙背部是褐色或黄绿色，腹面呈白色。蟾蜍皮肤粗糙，全身密布大小不等的疣状突起。背面暗褐色，腹面乳黄色。

其次，我们还可以根据它们的长相来区分：雄蛙眼睛的后面有一对声囊，发声时口腔内气体压进声囊，使它膨胀成球状，雌蛙没有声囊。而蟾蜍无论雌雄都没有声囊。另外，青蛙上颌边缘有一排细小的上颌齿；在口腔顶部犁骨上也有两排并列横生的瘤状小突起，叫犁骨齿。而蟾蜍的上下颌都没有齿。拉出青蛙的舌，它的舌尖是分叉的；而蟾蜍的舌尖是不分叉的。